유기화학이 좋아지는 책

유기화학으로 가는 지름길

전파과학사는 독자 여러분의 책에 관한 아이디어와 원고 투고를 기다리고 있습니다. 디아스포라는 전파과학사의 임프린트로 종교(기독교), 경제 · 경영서, 일반 문학 등 다양한 장르의 국내 저자와 해외 번역서를 준비하고 있습니다. 출간을 고민하고 계신 분들은 이메일 chonpa2@hanmail.net로 간단한 개요와 취지, 연락처 등을 적어 보내주세요.

유기화학이 좋아지는 책

유기화학으로 가는 지름길

–

초판 1쇄 1987년 05월 10일
개정 1쇄 2023년 04월 04일

–

지 은 이 요네야마 마사노부 · 안도 히로시
옮 긴 이 박택규
발 행 인 손영일
디 자 인 장윤진

–

펴낸 곳 전파과학사
출판등록 1956. 7. 23 제 10-89호
주 소 서울시 서대문구 증가로18, 204호
전 화 02-333-8877(8855)
팩 스 02-334-8092
이 메 일 chonpa2@hanmail.net
홈페이지 https://www.s-wave.co.kr
블로그 http://blog.naver.com/siencia

ISBN 978-89-7044-595-3 (03430)

유기화학이 좋아지는 책

유기화학으로 가는 지름길

요네야마 마사노부 · 안도 히로시 지음 | 박택규 옮김

전파과학사

머리말

「고무는 왜 늘어나요?」 유치원 어린이에게 이런 질문을 받을 때가 있다. 솔직하게 말해서 대답을 하지 못했다. 이 책을 읽는 여러분도, 어쩌면 어렸을 적에 같은 의문을 품은 적이 있었을지도 모른다. 그러고는 만족할 만한 대답도 얻지 못한 채 지나쳐 버렸는지도 모른다.

이 책은 이러한 소박한 의문을 계속 품고 있을지도 모르는 많은 분이 읽어주었으면 하는 생각으로 쓴 것이다.

고무는 왜 늘어날까라는 의문은 이 책만으로 답을 찾기에는 충분하지 않을 수도 있지만, 어느 정도는 납득할 수 있지 않을까 싶다. 우리 주위에 있는 물질은 음식, 의복, 가구 등 대부분이 유기화합물로 이루어져 있다. 그러므로 이에 관해서 의문을 갖게 되면, 이를 해결하기 위해서는 어쨌든 유기화학의 지식이 없어서는 안 된다.

그런데 고등학교의 교과서를 보면, 대부분 유기화학은 뒷부분에 가야 나온다. 화학공부는 이제 지긋지긋하다는 생각이 들 때쯤 유기화학이 나오는데, 왠지 모르게 촉박한 시간 속에서 뛰다시피 하여 그저 지나쳐 버리게 된다. 그래서 더더욱 거북등 같은 것이 나오는 유기화학은 어렵다는 인상만 남게 되는 것이 아닐까 싶다.

지금 어렸을 적의 소박한 질문으로 되돌아가서 유기화학을 다시 살펴봤으면 하는 것이 이 책의 바람이다.

필자인 우리 두 사람은 학생 때부터 친구다. 한때는 같은 연구소에서 근무한 적도 있다. 안도는 줄곧 연구생활만 해왔고, 나는 전쟁 후 고향으로 돌아와서 고등학교 교사가 되었다. 또 과학책을 집필해 왔다.

이 책은 안도의 오랜 연구생활 경험과 지식, 그리고 나의 교사생활 경험이 결합되어 이루어진 것이다.

블루백스 시리즈에 있는 나의 먼젓번 저서(옮긴이: 이 책도 블루백스 한국어판 『화학이 좋아지는 책』으로 발간되었음)에 이어서, 유기화학을 쉽게 이해하는 책으로 읽히길 바란다.

『화학이 좋아지는 책』과 마찬가지로, 이 책도 블루백스 편집부의 스에다케 편집장과 고미야 씨의 신세를 졌다. 여기에 감사의 뜻을 표한다.

요네야마 마사노부
안도 히로시

목차

Ⅲ. 탄화수소라는 화합물 집단

Ⅳ. 탄화수소를 천천히 산화했을 때 얻는 화합물
– 알코올 · 알데히드 · 카르복시산

Ⅷ. 반응을 특정 방향으로 이끄는 정보전달자 - 촉매

Ⅸ. 이소프렌 합성 연구 이야기

I. 첫째 장

1. 성수는 유기화학이 어렵다고 짜증을 내고 있다

「성수야. 왜 그러니? 왜 그렇게 짜증을 내고 있니?」 화학반 교실의 창문 밖을 멍하니 내다보고 있는 성수에게 수진이가 말을 걸었다.

「응. 나 말이야, 그만 화학반에서 빠질까 생각 중이야.」

「왜 그래? 장래에 화학자가 되겠다고 그토록 노력하더니…….」

「이것 좀 봐. 화학 시험 성적이 고작 30점이야. 평균 점수보다 12점이나 낮잖아. 이게 화학반에서 합성수지를 연구하고 있는 놈의 점수라니 원. 중학생 때는 <플랑크톤의 번식에 미치는 합성세제의 영향에 관해서>라는 연구로 상까지 받은 내 점수가 이렇단 말이야. 합성수지나 합성세제나 다 유기화학 아니니? 그 유기화학의 시험 점수가 이 꼴이라니…. 아무리 생각해도 화학자가 되기는 틀렸어!」

「그럴까? 성수는 연구를 좋아하는 데다 실험 솜씨도 뛰어나서 화학자가 적성에 맞을 거라고 생각했는데. 시험은 암기니까 그렇지. 성수는 암기물은 질색이잖아?」

「응, 메탄계니 에틸렌계니 하는 화학식의 행렬 따위가 실제로 합성수지를 만드는 일과 무슨 관계가 있느냐는 생각이 들어서 시험공부를 도중에 팽개쳤거든.」

「아, 그랬군. 그런데 말이야, 내게 좋은 생각이 있어. 우리 삼촌이 오랫동안 화학연구소에서 근무하고 계시거든. 어때? 삼촌한테 가서 화학자가 되려면 어떤 공부를 하면 좋을지 여쭤보지 않을래?」

「뭐? 그런 삼촌이 계셨니? 정말 고마운 일이군. 꼭 좀 데려가 줘.」

이런 일이 있은 뒤, 두 사람은 토요일 오후, 수진이 삼촌이 일하는 연구소를 방문했다.

두 사람의 이야기를 듣고 있던 삼촌(박사님)이 한참 후에 조용히 말했다.

「성수야, 넌 어릴 적부터 네 이름 성수를 한자로 晟秀라고 써놓고 성수라고 읽을 수 있었잖아? 그런데 그 또래의 다른 초등학생들은 한자로 성수라고 써 놓으면 성수라고 읽지 못하는 애들이 많단 말이야. '성수는 有機化學이 어려워서 落心하고 있다'라고 써놓아도 너는 읽을 수가 있지. 그러나 초등학교 1학년이 끝날 무렵의 애들은 '성수는 유기화학이 어려워서 낙심하고 있다'라고 쓰지 않으면 읽지 못하거든. 중학생쯤 되면 '성수는 有機化學이 어려워서 落心하고 있다'라는 정도는 읽게 될 거야. 하지만 유기화학이 무엇인지 말의 뜻을 잘 이해하지 못할지도 몰라.

이것과 마찬가지야. 성수는 중학생 때부터 합성세제를 사용한 연구를 했고 지금도 합성수지를 연구하고 있으니까 유기화학이 무엇인지를 알고 있다고 생각하고 있을 거야. 그런데 수업에서는 고작 1학년 수준의 유기화학부터 시작하고 있거든. 그래서 성수에게는 시시하다는 생각이 들어서 할 마음을 잃어버린 게 아닐까?」

「네. 그렇게 말씀하시니까….」

「그래, 성수도 처음부터 다시 시작해야 한다는 말이야.」

「하지만 수진아. 확실히 무슨 일이건 첫걸음부터 시작해야 한다는 건 나도 알아. 그런데 왠지 좀 이상해. 나는 이렇게 유기화학의 첫걸음의 시험에서는 불합격인걸. 그렇다면 내가 하고 있는 합성수지의 연구는 아무 의미도 없는 걸까?」

「음. 그렇게 말한다면….」

수진이가 얼떨떨해하자 삼촌이 말했다.

「아니야, 그렇진 않아. 의미가 없는 일은 아니야. 내가 하고 있는 연구도, 성수와 마찬가지로 모르는 일에 도전해서 지금까지 알려진 지식으로써 설명해 보려고 시도하고 있는 거야. 이것이 잘 되지 않는 바로 그 점에서 새로운 지식이 태어나는 것이라고도 할 수 있지. 성수가 합성수지에서 무엇을 하고 있는지는 몰라도, 예컨대 지금 포르말린 수지를 만드는 실험을 하고 있다고 치자. 아마도 성수는 몇 그램의 페놀과 몇 그램의 포르말린을 섞어서 어떤 식으로 가열하면 될까, 촉매로는 무엇을 가하면 될까? 이런 걸 조사할 거야.」

「네. 맞아요.」

「이런 시행착오(trial and error)적인 방식으로 나가는 것도 좋겠지만,

페놀이란 어떤 분자식이고, 어떤 구조의 물질인가를 알고, 또 포르말린에 관해서도 이런 것들을 미리 알고서 들어가면 이 두 물질을 어떤 비율로 섞어야 할 것인가도 설명할 수 있고, 또 예상도 할 수 있는 거야. 그러므로 성수도 실험적으로 합성수지를 연구하는 동시에 더불어 '페놀이란 무엇이며 포르말린이란 어떤 것인가'라는 등의 첫걸음부터 공부할 필요가 있다고 말할 수 있겠지.」

「그건 알고 있어요. 저도 페놀이나 포르말린에 관해서는 조사했는걸요.」

「아! 그렇지.」 수진이가 말했다. 「성수는 화학이 좋아서 실험을 하고 있으니까 기초적인 첫걸음은 왠지 시시하게 생각되는 거야. 나는 메탄이나 페놀도 다 아무 관심이 없는데도 시험이 있으니까 어쩔 수 없이 외워야만 하잖아. 그런데 성수는 메탄은 나처럼 거의 상관없겠지만 페놀은 늘 실험에서 쓰고 있으니까 친숙하거든. 그래서 페놀은 시험이 없어도 조사하려고 하는 반면, 메탄은 나보다도 더 아무 상관없는 것이라는 생각에서 공부하지 않는 게 아닐까?」

「그래, 그럴 수도 있지. 즉 학교에서는 옛날 사람들이 이룩해 놓은 지식의 체계를 배우는 거지. 그런데 실제의 연구에서는 만들어져 있는 지식을 배우는 건 아니야. 성수는 이 두 가지 면에서 충분한 인식이 없는 것 같군.」

「그렇게 말씀하시니 알겠습니다. 역시 교과서에 있는 것을 순서대로 차곡차곡 공부할 필요가 있군요.」

수진이가 끼어들었다.

「삼촌, 이 두 가지를 잘 조화할 수 있는 학습방법이 없을까요? 예컨대 삼촌이 하는 연구와 관련된 이야기라든가 말이에요.」

「글쎄다.」

삼촌은 테이블 위에 놓인 고무 고리를 무심히 집어 들고, 두 손으로 늘였다 오므렸다 하면서 생각에 잠겼다.

2. 고무 고리는 왜 신축하는가?

이것을 보고 있던 성수가 갑자기 말을 꺼냈다.

「삼촌, 고무줄은 왜 늘어날까요? 합성수지에도 탄성이 있는 게 있지만 도저히 고무처럼은 늘어나지 않는 걸요.」

그러자 삼촌은 눈을 반짝이면서 몸을 일으켰다.

「그래, 그래. 이건 정말 좋은 테마야. 나는 지금 무심히 이 고무 고리를 쥐고 늘였다 오므렸다 하고 있었지. 그래, 그렇다면 고무는 왜 늘어나느냐? 이것을 생각하면서 유기화학을 공부하는 방법을 생각해 보기로 할까.」

「와! 재미있겠다!」

「네, 그렇게 해 주세요.」

「여기에 하나의 천연 유기화합물로서의 고무가 있어. 이것은 잘 늘어나는 성질을 가지고 있지. 이것을 알아보기 위해서는 먼저 고무란 무엇인

고무줄이 이렇게 늘어나는 비밀은?

가부터 조사해야겠지.

일반적으로 천연의 유기화합물을 조사하는 데는, 대충 다음과 같은 순서로 해야 해.

1. 먼저 목적하는 물질을 순수하게 추출한다.
2. 유기화합물임을 확인한다.
3. 원소분석, 즉 어떤 원소의 화합물인가를 조사하고, 실험식을 결정한다.
4. 분자량을 측정하고 분자식을 구한다.
5. 구조식을 구한다. 즉 분자 내 원자의 결합상태를 알아낸다.

자, 여기까지 알게 되면, 이제 고무의 경우는

6. 그 구조와 잘 늘어나는 성질 사이에는 어떤 관계가 있는가를 생각한다.

그리고 다시,

7. 다른 원료로부터 고무와 같은 성분으로 이루어진 물질을 합성해 본다.

이런 과정을 거치는 것이라고 생각할 수 있을 거야.」

「네.」

「그렇다면 대강 이런 줄거리를 세워놓고, 중간중간에 유기화학을 공부해 나가면 어떨까?」

「네, 좋아요. 부탁드립니다.」

이렇게 해서 성수와 수진이는 삼촌으로부터 유기화학의 특별 강의를 받게 되었다.

II. 유기화합물을 조사하는 과정

1. 고무 고리가 만들어지기까지

삼촌은 이야기를 시작했다.

「너희들은 고무를 영어로 러버(rubber)라고 한다는 걸 알고 있겠지. 러버라는 것은 문지르다, 비비다라는 뜻이야. 즉 문명사회에서 고무의 첫 용도는 지우개였단다.」

「문명사회에서라고 하면, 문명사회가 아닌 곳에서는 달랐다는 뜻이에요?」

「그래. 콜럼버스가 아메리카대륙을 발견했을 때(1492년), 원주민들이 고무공을 가지고 놀고 있었다고 해. 그리고 상당한 양의 고무가 유럽으로 전해진 것이 18세기 후반의 일이었지. 처음으로 고무를 지우개로 썼던 사람은 산소의 발견자인 영국의 화학자 프리스틀리[01]라는 설이 있지. 1770

01 프리스틀리(J. Priestley, 1733~1804)는 영국의 신학자, 철학자, 화학자로서 산소의 발견을 비롯하여

고무 재배지의 풍경

년의 일이었어.」

「그런데 그때부터 러버라고 불렀다면, 그전에는 뭐라고 불렀어요?」

「그건 알려져 있지 않아. 어쨌든 그 무렵부터 고무의 이용을 생각하게 되었고, 고무를 얻을 수 있는 나무 중에서도 파라고무(paragomme)나무가 가장 좋다는 걸 알게 되었지. 그런데 이야기가 좀 뒤바뀌었지만, 고무는 고무나무의 줄기에 상처를 내서, 거기서 흘러나오는 수액에서 얻는다는 건 두 사람 다 잘 알고 있을 거야.」

「네.」

「이 파라고무나무는 남아메리카의 아마존이 원산지야. 1876년경에

암모니아, 염화수소, 산화질소, 이산화황 등을 발견했다. 산소의 발견은 라부아지에의 연소설 확립에 커다란 계기가 되었다.

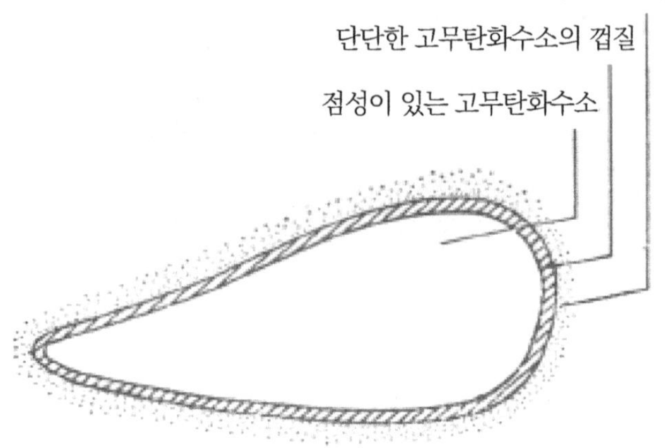

그림 II-1 | 라텍스의 입자 구조

영국의 헨리 경이라는 사람이 이 파라고무의 씨앗을 7만 개쯤 밀수해서 영국의 리버풀로 가져왔던 거야. 이 7만 개의 씨앗에서 나온 싹이 그 후에, 실론이나 자바로 이식되었다는 이야기가 전해지고 있단다.」

「네? 그렇다면 고무는 옛날부터 동남아시아의 특산물이라고 생각하고 있었는데 그게 아니었군요.」

「그런 이야기가 되겠지. 자, 여담은 접어두고 화학 이야기로 들어가자. 너희는 소나무에 상처를 내면 송진이 나온다는 걸 알고 있을 테지. 하긴 대부분의 나무가 상처를 입으면 수액을 내어 그 상처를 덮으니…. 옻나무에서 나오는 수액은 예전부터 쓰이고 있었거든. 고무나무의 상처에서 흘러나오는 수액은 라텍스(latex)라고 하는데, 우유처럼 흰 액체야. 라텍스는 60~65%가 물이고, 주성분은 고무의 성분이지만, 그 외에도 수지, 단백질, 당질, 효소, 무기물 등이 섞여 있어.

방금 라텍스는 우유와 같은 흰 액체라고 말했는데, 우유가 하얗게 보이는 이유가 무엇인지 알겠니?」

「네, 알고 있어요. 지방의 입자예요. 그것을 모으면 버터가 되잖아요?」

「응, 그래 잘 알고 있군. 라텍스가 흰 것도 우유와 마찬가지로 라텍스 입자가 분산되어 있는 거야. 이처럼 현미경으로 겨우 보일 정도의 것에서부터 더 작은 알갱이(100㎚~10,000㎚)가 분자로 되어 있는 용액을 **콜로이드 용액**[02]이라고 한단다.」

「네.」

「라텍스입자도 그와 같은 콜로이드입자야. 그것을 취한 나무에 따라서 조금은 차이가 있지만, 모양은 대체로 〈그림 II-1〉과 같은 구조로 되어 있지. 이 속에 고무가 되는 점성의 액체가 들어 있고, 이것을 둘러싼 같은 고무가 되는 물질이면서 좀 더 단단한 껍질이 있고, 또다시 이것을 둘러싸는 주위에 단백질을 포함한 층이 있는 거야. 콜로이드입자는 플러스나 마이너스의 전기를 띠는데, 라텍스입자도 맨 바깥층이 음전기를 띠고 있단다. 그래서 라텍스용액에 전극을 넣으면 플러스의 전극으로 라텍스입자가 모이

02 콜로이드는 보통의 현미경으로는 확인되지 않지만 원자나 저분자보다는 큰 입자로서, 물질이 분산해 있을 때 콜로이드상태에 있다고 한다. 콜로이드용액은 틴들현상, 응석, 염석현상을 일으킨다.

게 되는 거지. 이런 현상을 **전기영동**이라고 부른단다.」

「그렇다면 전기로 고무를 모으는 거예요?」

「그런 방법도 있지만, 콜로이드입자는 전해질을 가하면, 표면의 전기가 중화되어서 가라앉는 거야. 따라서 라텍스에 아세트산 등을 가하면 고무입자를 응축할 수가 있거든. 콜럼버스가 만났던 원주민들은 라텍스를 불에 쬐어서 고무공으로 굳히고 있었던 것 같아.」

「그렇게 해서 뽑아낸 것이 생고무라고 생각하면 되겠군요.」

「그렇지.」

「생고무와 고무 고리의 고무는 어떻게 다르지요?」

「이렇게 신축성이 좋은 상태의 고무를 탄성고무라고 해. 생고무 자체도 탄성이 있기는 하지만 온도에 따라 영향이 크단다. 즉 여름철에는 부드러워져서 끈적끈적해지고, 반대로 겨울철에는 굳어져서 탄성이 약해지거든. 이래서는 실용성이 없기 때문에 **가황**이라고 해서, 황을 섞어서 만든 것이 탄성고무야. 생고무에 황가루를 8% 정도 섞어서 140℃ 정도로 가열하는 거란다. 또 고무풍선처럼 얇은 것은 이황화탄소(CS_2)나 염화황(S_2Ci_2)의 액체로도 가황이 된단다.」

「왜 황을 가하면 그렇게 되는 거죠?」

「음, 그건 좀 더 고무의 구조를 알고 나서 이야기하기로 하자. 어쨌든 지금 여기에 있는 고무 고리는 대체적으로 말하면, 고무나무로부터 얻는 라텍스라는 수액으로부터 생고무를 취해서, 그것에다 가황을 해서 만들어졌다는 이야기야.」

「네.」

「그러나 고무를 조사하는 것은 이 고무가 아니라, 가황하기 전의 생고무를 대상으로 해야 한다는 걸 알았을 거야.」

「네.」

2. 먼저 조사할 물질을 순수하게 얻는다

「생고무를 조사하려면, 먼저 불순물을 제거해서 되도록 순수하게 만들어야 해. 그러니 생고무 이야기는 일단 접어두기로 하고, 일반적으로 물질을 순수하게 얻어내는 방법을 생각해 보기로 하자. 이것은 너희 교과서에도 나와 있는데, **재결정법**(再結晶法)과 **증류법**(蒸溜法)이 있단다. 어떤 용액에 녹고, 농축 또는 저온으로 하면 다시 고체로서 결정을 이루는 물질은 이런 조작을 반복함으로써 차츰 순수하게 되어 간다. 이것은 용액 속으로부터 용질(溶質)이 석출될 때 같은 종류의 원자나 분자가 배열되기 쉽고, 불순물의 원자나 분자가 결정 속으로 들어가기 어렵기 때문이야. 이 방법이 바로 재결정법이라는 거다. 또 하나의 방법인 증류법은 가열해서 기체가 되기 쉬운 물질을 한번 기체로 만든 다음, 다시 냉각해서 액체로 만들어. 즉 증류를 함으로써 끓는점이 같은 것을 모을 수 있는 방법이야. 끓는점이 같은 물질이라는 것은 같은 종류의 물질이라고 할 수 있기 때문이지.」

「고무는 기체가 되리라고 생각할 수 없으므로, 재결정법으로 불순물을 제거하는 것이군요?」

「그래. 유감스럽게도 라텍스는 콜로이드용액이므로 결정은 만들 수가 없단다.」

「그래요? 그렇다면 어떻게 하는 거죠?」

「지금 너희들은 유기화학을 공부하고 있으니까, 직접 생고무와는 관계가 없지만, 일반적인 유기물의 정제법(精製法)을 말한 거야.

콜로이드를 정제하는 하나의 방법으로 **투석법**(透析法)이라는 게 있거든. 셀로판은 알고 있겠지? 이처럼 이온이나 작은 분자는 통과시키지만, 콜로이드입자는 통과시키지 않는 작은 구멍이 있는 막을 **반투막**(半透膜)이라고 하는데, 이 반투막을 이용하는 거란다. 셀로판 자루 속에 콜로이드용액을 넣고, 이것을 물속에 담가두면, 콜로이드에 섞여 있던 이온이나 분자는 밖으로 나가거든. 별거 아니야. 말하자면 콩과 섞여 있는 모래를 체로 쳐서 걸러내는 것과 같은 거란다.」

「생고무는 그런 방법으로 얻는 겁니까?」

「글쎄. 그렇게 해보면, 염분이나 당분은 제거되거든. 그러나 단백질 같은 큰 분자는 제거되지 않아.」

「그러면 어떻게 하는 거예요?」

「전기영동으로 라텍스입자가 플러스의 전극으로 모인다는 건 앞에서 설명했지. 이렇게 집합한 걸 새로운 용제에다 다시 분산시켰다가, 또다시 전기영동으로써 모으는 방법으로 정제할 수 있을 거야. 이것은 일종의 재결정법이라고 말할 수 있겠지.

그러나 라텍스입자 자체가 단일물질이 아니므로, 순수한 고무를 얻는다는 건 어려운 이야기야.」

「네, 그렇군요.」

3. 태워서 CO_2가 나오면 유기화합물

「그렇다면 고무가 유기화합물이라는 것을 조사해 보기로 할까. 어쨌든 고무나무라는 식물에서 얻기 때문에 유기물인 것에는 틀림없는 셈이야.」

「네. 그런데요, 이 유기(有機)나 무기(無機)라고 하는 게 어떤 의미인지 늘 마음에 걸렸어요. 기(機)가 있다든가 없다든가 하는 이 기라는 건 도대체 무엇인가요?」

「그래, 그런 의문도 있을 거야. 기라는 것은 기계(機械)의 기, 즉 한자로는 고동기, 기계기, 베틀기 등으로 읽는 글자인데, 같은 기라고 해도 기구(器具)라고 할 때의 기(器), 즉 그릇기, 도량기 등으로 읽는 글자와는 가려서 쓴단다. 기계·기구(機械·器具)라고 하듯이 말이다. 기(機)는 그 자체가 동력(動力)을 갖는 것을 가리키는 거야. 따라서 유기라는 건 생활기능이 있다는 것이고, 무기는 생활기능이 없다는 것이거든. 즉 유기화합물[03]이라는 것

03 유기화합물은 본래 유기체를 구성하는 화합물 및 유기체에 의해 생산되는 화합물이라는 뜻으로 이름이 붙여졌는데, 생물의 생명력으로만 생성된다고 믿었다. 그러나 1828년에 독일의 화학자 뵐러(F. Wöhler)가 무기물인 시안산암모늄을 가열해서 요소를 얻음으로서 이러한 개념이 수정되었다. 오늘날에는 탄소의 화합

은 식물이나 동물처럼 생활기능을 갖는 것을 형성하고 있는 물질이거나, 이런 것들로만 만들어지는 물질이라는 것이 이 말의 출발이었다고 할 수 있지. 반대로 무기화합물은 생물과는 관계가 거의 없는 암석이나 바닷물 속의 물질을 뜻하는 거야. 하지만 이 두 가지 화합물에는 명확한 경계가 있는 것이 아니기 때문에, 오늘날에는 탄소를 중심으로 한 매우 많은 화합물의 무리(群)를 유기화합물, 그 밖의 원소로 이루어진 화합물을 무기화합물이라고 부르고 있지.」

「그렇다면 탄소를 함유하지 않은 유기화합물은 없겠군요?」

「없지. 반대로 탄소를 함유하고 있어도 유기화합물이 아닌 것이 있거든. 예를 들면 이산화탄소나 탄산칼슘 등이 그런 거야.」

「어떻게 식별하면 되죠?」

「글쎄다. 차츰 익숙해지면 알게 되겠지만, 비교적 간단하게 식별하는 방법으로는 불에다 태워보는 거야. 대체로 유기화합물은 잘 타면서 이산화탄소와 물을 생성하거든. 탄소를 함유하고 있기 때문에, 연소하면 이산화탄소를 생성하는 건 당연하지 않겠니. 그리고는 공기를 차단하고 가열하는 거야. 즉 **건류**(乾溜)하면 탄화, 숯이 되는 거란다. 그러나 탄산칼슘 등은 열에 강해서 절대로 탄화하지 않지.

그 밖에 유기화합물은 휘발유나 알코올 등의 유기용매에 잘 녹는다거나, 물에 녹는 것이라도 전기를 통하지 않는(비전해질) 등의 특성이 있단다.」

물을 유기화합물이라고 한다.

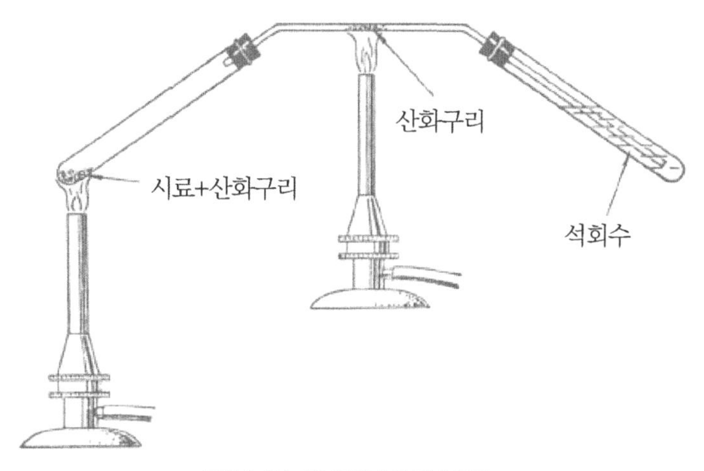

그림 II-2 | 이산화탄소를 검출한다

「네, 그렇군요.」

「어쨌든 익숙해져야 해. 그건 그렇다고 하고 다음으로 넘어가자. 아무래도 나는 친절한 선생님은 못 되는가 봐.

아무튼 고무를 태우면 냄새가 나지 않겠니? 이건 보통의 고무는 가황을 해서 황분이 함유되어 있기 때문이야. 고무가 아닌 유기물도 태워서 냄새가 나면 황이나 질소가 함유되어 있다고 생각하면 돼. 거의 냄새가 없이 탄다면, 그건 아마 C, H, O의 화합물일 거야.」

「이산화탄소는 냄새가 나지 않잖아요. 태워서 이산화탄소가 발생했다는 걸 어떻게 알죠?」

「아니, 수진아. 그건 중학생 때 배웠잖아. 이산화탄소는 석회수에 통과시키면 하얗게 흐려져서 침전이 생긴다고 말이야.」

「아, 맞아, 그랬어. 하지만 연소로 발생하는 기체를 어떻게 석회수에 통과시키지? 시험관 속에서 태우는 거야? 그렇지만 만약 증발하기 쉬운 물질이라면, 타기 전에 증발해 버리지 않을까?」

「아, 정말 그러네.」

「퍽 재미있는 이야기를 하는구나. 휘발성 유기물을 시험관에 넣고, 밑에서 가열하면 금방 증발하는 건 알지. 증발접시 같은 것에 담아서 불을 붙이면 타버리는데, 이때 발생한 기체는 공중으로 달아나버린단다. 그런 이유로 실험할 때 〈그림 II-2〉와 같은 연구를 해 두는 거야. 시험관 속에 시료뿐만 아니라 산소를 공급하는 역할을 하는 산화구리가루를 섞어 넣는 거지. 그리고 발생하는 기체를 석회수로 통과시키는 관에도 산화가루를 적당히 채워두는 거야. 준비가 끝나면 먼저 산화구리가 들어 있는 관 부분을 밑에서부터 가열하는 거지. 그다음에 시험관을 가열하면 시험관 속에서 그대로 증발한 자료도 관 중간에서 산화되어 일산화탄소가 되어서 석회수를 하얗게 흐려지게 만드는 거란다.」

「아, 그랬군요.」

「하지만 물이 생기는 건 어떻게 알죠?」

「응, 물은 석회수로 통하는 관 윗부분 근처에 물방울이 되어서 붙으니까 알 수 있는 거야.」

「…… 그렇지만, 이것만으로는 시료 속에 산소가 있는지 없는지를 알 수가 없잖아요?」

「그럼, 그렇고말고. 산소는 관 속의 공기 속에도 있으니까 말이야. 그래서 이 방법으로 유기화합물인 것 같다는 걸 알 수 있을 뿐이야. 그래서 다음번에는 **원소분석**(元素分析)을 하게 되는 거란다.」

4. 성분원소의 비율을 조사한다(원소분석)

「원소분석이라는 건, 그 시료가 어떤 원소로 이루어진 화합물인지, 또 이 원소의 비율은 어떤가를 식별하는 거야.

유기화합물이라는 건 화합물의 종류가 수백만이나 되는데, 성분원소의 종류는 비교적 적어. C, H, O만으로 이루어진 게 절반이나 되거든. 그것에 N이나 S가 들어 있는 것이 약간 있고 말이야. 인공적인 것으로는 Cl

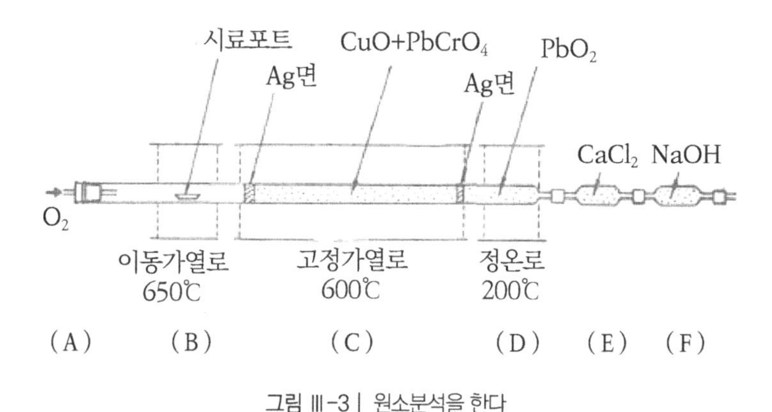

그림 Ⅲ-3 | 원소분석을 한다

등이 함유된 것도 있어. 그래서 우선 C, H, O의 양을 구하는 거야.

최근에는 매우 간편한 기계가 만들어져서 시료의 무게를 달아 장치에 넣어주기만 하면 분석치를 척척 알려주는 것이 있단다. 그러나 얼마 전까지만 해도 분석을 하는 데는 많은 시간을 들여서 시험을 했었지. 여기서는 너희들의 공부에 도움이 되도록 옛날 방법에 대해서 이야기를 하려고 해. 우선 이 〈그림 II-3〉을 좀 보렴.

주체는 내열유리의 파이프야. B 위치의 사기로 만든 포트 속에 무게를 단 시료를 넣는 거야. C 근처가 앞에서 말한 거와 마찬가지로 증발한 시료를 완전하게 연소시키기 위한 산화구리의 가루층이야. 양쪽에 Ag 면을 채우는 건, 만약 시료 속에 염소 등의 할로겐원소가 있었을 때, 그걸 반응시키는 역할을 하지. 그리고 산화구리 속에 크롬산납($PbCrO_4$)을 섞는 건, 황이 들어 있을 때, 이산화황(SO_2)으로 되어서 나오는 걸 반응시키기 위한 거야. 그리고 D의 위치에 과산화납(PbO_2)이 채워져 있는 건, 질소의 산화물을 반응시키기 위한 것이고, E의 위치에는 수분을 포착하는 염화칼슘($CaCl_2$), F에는 이산화탄소를 반응시키기 위한 수산화나트륨(NaOH)을 넣은 관을 연결했지. 이는 모두 미리 무게를 달아두어야 하는 거야.

그런 다음에 우선, C의 전기로에 전류로 가열해 두고, 다음에는 A로부터 건조한 산소를 넣어 보내면서 B의 전기로를 가열해. B의 전기로는 좌우로 움직일 수 있게 이동식으로 되어 있지. 때때로 B의 전기로를 움직여서 포트 속을 들여다보고 완전히 연소되었으면 전기로의 스위치를 끄고,

식기를 기다렸다가 E와 F를 빼내어 증가한 무게를 재는 거야. 실제는 공기 속의 수분이나 이산화탄소가 E나 F 속에 들어가지 못하게 장치에는 코크가 붙어 있단다.

자, 이렇게 하면

E의 증가한 무게 …… 생성된 물의 양

F의 증가한 무게 …… 생성된 이산화탄소의 양

이 되는 거야.

그럼 여기서 가상실험을 해볼까. 지금 잘 건조시킨 생고무 680㎎을 취해서, B의 시료포트에 넣었다고 하자. 그리고 실험 준비가 갖춰졌으면 전기로의 스위치를 넣어서 가열을 시작하는 거야. 그리고 B의 시료가 완전히 연소한 걸 확인했으면 냉각해서 E와 F의 증가한 무게를 조사하는 거다. 지금 다음과 같은 실험 결과를 얻었다고 하자.

E의 증가한 무게 즉, 생성된 물의 양

…… 716㎎

F의 증가한 무게 즉, 생성된 이산화탄소의 양

…… 2188㎎

자, 그럼 이 결과로부터 성수는 시료 속의 탄소량, 수진이는 마찬가지로 수소의 양을 계산해보자.」

두 사람은 얼마 동안 이야기를 나누다가, 이윽고 이런 계산을 내놓았다.

성수의 계산

CO_2 2188㎎ 중 C의 무게를 구하면 되므로,

$$2188\text{mg} \times \frac{C}{CO_2} = 2188\text{mg} \times \frac{12}{44}$$

$$= 596.73\text{mg}$$

수진이의 계산

마찬가지로 물 716㎎ 중 H의 무게를 구하면 되므로,

$$716\text{mg} \times \frac{2H}{H_2O} = 716\text{mg} \times \frac{2}{18}$$

$$= 79.56\text{mg}$$

「음. 그래 잘 계산했군. 그러면

596.73㎎+79.56㎎=676.29㎎

그러므로 본래의 시료 중에는

680㎎-676.29㎎=3.71㎎

이 3.71㎎ 만큼 C와 H 이외의 원소가 들어있는 셈이 되겠군. 지금 이 걸 산소라고 생각해 볼까. 계산으로 알게 된 것은 시료 속 C의 무게 : H의 무게 : 산소의 무게가 596.73 : 79.56 : 3.71이라는 거지. 그럼 이 무게의 비를 원자 수의 비로 고쳐 보렴.」

「네, 원자 수의 비라고요?」

「그래, 이런 걸 생각해 보면 어떨까? 15㎏의 귤이 들어 있는 상자가 있다고 하자. 귤 1개의 무게를 달았더니 150g이었다고 해. 그러면 귤 전체의 수는 몇 개나 되지?」

「허, 이건 초등학생도 풀 수 있는 문제예요.

$$\frac{15\text{kg}}{150\text{g}} = 100\text{개}$$

가 되죠.」

「그렇지, 그럼 마찬가지로 원자의 수를 생각해 보렴.」

「아, 그렇죠. 탄소원자 1개의 무게를 알면 되겠군…. 원자 1개의 무게란 엄청나게 작잖아요.」

「아무렴, 그렇고말고. 자 그러면 문제를 다시 한번 잘 생각해 봐. 탄소나 수소의 원자 수, 그걸 구하고 있는 게 아냐. 수의 비율, 즉 비를 구하고 있는 거야.」

「아, 그렇다면 원자 1개의 무게를 몰라도, 무게의 비를 알면 되겠군요.」

「음…. 그랬군. 원자의 무게 비라고 하면…….」

「아, 그건 원자량이야.」

「아, 그렇지. 원자량이면 되는 거다.」

두 사람은 다음과 같이 계산했다.

$$\text{C} \cdots\cdots 596.73 \times \frac{1}{12} = 49.72$$

$$H \cdots\cdots 79.56 \times \frac{1}{1} = 79.56$$

$$O \cdots\cdots 3.76 \times \frac{1}{16} = 0.235$$

C의 수 : H의 수 : 0의 수

= 49.72 : 79.56 : 0.235

「그래, 그렇게 되겠지. 그런데 원자 수의 비이므로, 이것을 정수비(整數比)로 고쳐 보렴.」

「그렇다면, 가장 작은 수를 1로 보면 되겠군요. 그러면,

$$49.72 : 79.56 : 0.235 = 211 : 339 : 1$$

이 되는데요.」

「그래, 그러면 이 생고무의 조성(組成)을 나타내는 식을 생각한다면 $C_{211}H_{339}O$가 되겠지. 이렇게 되면 C나 H에 비해서 O가 너무 적어져. 그러므로 O의 3.71㎎이라는 건, 불순물 또는 실험 오차로 생각해서 무시해 버리기로 하자. 그러면 생고무의 조성은,

$$C_{211}H_{339} \fallingdotseq C_5H_8$$

이 되어서 말끔하게 될 거야.」

「와! 그럼 C_5H_8이라는 게 생고무의 분자식이란 말이군요.」

「잠깐, 잠깐. 그렇게 서둘러선 안 돼. 이건 조성을 나타낼 뿐이므로, 생고무의 분자식으로는 C_5H_8, $C_{10}H_{16}$, $C_{15}H_{24}$, $C_{20}H_{32}$ …… 등등 여러 가지를 생각할 수 있을 거야.」

「아, 그렇군요.」

「그러니까 C_5H_8은 **조성식**(組成式) 또는 실험에서 얻은 식이라는 뜻에서 **실험식**(實驗式)이라고 한단다.」

「아, 이제 알았다. 분자량을 구하면 되겠군요.」

「그렇지. 분자량을 구해서 이 조성식 양과 비교하면 분자식을 알게 되는 거다. 자 그럼, 지금 생고무의 분자식을 $(C_5H_8)_n$로 하고, 다음에는 분자량을 구하는 방법을 생각해 보기로 하자.」

5. 분자량을 구해서 분자식으로

「분자량의 측정은, 화학의 첫 부분에서 배웠잖아.」

「맞아. 같은 조건에서 산소에 대한 비중을 구하고, 32배하면 되지.」

「그래. 기체는 어느 것이나 0℃ 1기압에서 1몰(mol)이 22.4ℓ의 부피를 차지하거든. 이 아보가드로의 법칙[04]을 써서 기체의 분자량을 구할 수 있잖아.」

04 아보가드로의 법칙은 1811년 이탈리아의 과학자 아보가드로(A. Avogadro, 1776~1856)가 발견한 법칙으로, 모든 기체는 같은 온도와 압력 밑에서는 같은 부피 속에 같은 수의 분자를 포함하고 있다는 것이다.

「아, 그리고 기체의 상태방정식으로부터도 구할 수 있고요.

$$PV = nRT\text{이든지}$$

$$PV = \frac{W}{M}RT\text{ 등}$$

말이에요.」

「그렇지. 기체나 기체로 되기 쉬운 물질의 분자량은 이런 방법으로도 구할 수 있지. 그리고 기체가 되기 어려운 물질에 대해서는 **라울의 법칙**[05]을 이용한 **어는점 내림법**이나 **끓는점 오름법**이 있단다.」

「네? 라울의 법칙이 뭐예요?」

「그건, 소금 같은 염이 녹아 있는 바닷물이 냇물보다 얼기 어렵다는 그런 현상이야. 즉 액체에 다른 물질이 녹아들면, 그 액체의 끓는점은 순수한 때보다 높아지고, 어는점은 낮아진다는 거야. 더구나 이때의 끓는점 오름이나 어는점 내림은 녹아 있는 물질의 몰수에 비례하거든. 즉 라울의 법칙은 '용매 1㎏에 용질 1㏖을 녹인 용액의 어는점 내림이나 끓는점 오름은 용질의 종류에 관계없이 일정하다'라는 거지. 물을 예로 들면, 물 1㎏ 속에 어떤 용질 1㏖을 녹이면, 끓는점은 0.52℃가 오르고 어는점은 1.86℃가 내려가는 거야. 따라서 용매에 분자량을 측정하려는 물질을 녹

05 라울의 법칙은 1887년에 라울(F. M. Raoult, 1830~1901)이 발견한 법칙으로서, 매우 묽은 용액에서 평형에 있는 용매의 증기압력은 용매의 몰분율에 비례한다는 것이다.

여서, 이 용액의 끓는점이나 어는점을 측정한 다음, 이 값에서부터 분자량을 구할 수가 있는 거란다.」

「고무는 기체로는 되지 않을 테니까, 그런 방법으로 측정하는 거군요.」

「응. 그런데 그게 말이야, 그렇게는 안 된다는 거야. 즉 이런 방법으로 분자량을 구할 수 있는 건 분자량이 비교적 적은 물질, 즉 분자의 크기가 용매의 분자와 크게 차이가 없는 물질만 가능한 거야.

그런데 고무는 콜로이드용액으로 되는 셈이므로, 분자가 매우 크단 말이지. 그러므로 이런 방법으로는 구할 수가 없는 거야.」

「아이고, 또 헛짚었나 봐. 그럼 어떻게 해서 고무의 분자량을 구하죠?」

「헛짚은 건 아냐. 분자량을 구하는 방법을 복습했다고 생각하렴. 그럼 고무 분자의 분자량을 어떻게 구하는지 생각해 보기로 하자. 그러기 위해서는 잠깐 옆길로 들어가야겠어.」

6. 고분자물질이라는 것

「고무나무에서 얻는 흰 우윳빛 액체 속에는 라텍스입자가 분산되어 있다고 말했었지. 대체로 고무 수액 1ℓ 속에는 2×10^{11}개 정도의 입자가 있다고 해. 이 라텍스입자를 모은 것이 생고무인데 라텍스입자 그대로가 고무의 분자라고 할 수는 없어. 이 생고무를 휘발유나 에테르 같은 용제에 녹이면, 아무리 해도 그 용액은 콜로이드용액이 되는 거야. 콜로이드용액이라는 건, 분산되어 있는 입자의 크기가 10^3Å~10Å(10^{-5}㎝~10^{-7}㎝) 정도가 되는 거야.

가장 작은 원자인 수소 원자의 지름이 1Å(10^{-8}㎝) 정도라는 건 알고 있을 거야. 그러므로 보통 우리가 생각하는 것처럼 간단하게 기체가 되거나, 라울의 법칙이 적용될 만한 물질의 분자 크기는 수소 원자의 몇 배, 즉 고작 수 Å의 크기인 거야. 따라서 콜로이드입자라는 건 10^3Å~10Å 정도이므로, 이 정도의 분자가 그 몇 개에서부터 수백 개쯤 한 줄로 늘어선 정도의 지름인 거야. 그러므로 분자 수로 말하면, 수백에서 수십만 개가 모인 덩어리라고 할 수 있어.

이처럼 작은 분자가 모여서 이루어진 콜로이드입자는 모인 덩어리가 흩어져 버리면 콜로이드용액이 아니게 되는 거야. 용제를 바꾸어서 녹여 보는 것도 하나의 방법이지.

그런데 용제를 아무리 바꾸어도 콜로이드용액으로만 되는 물질이 있어. 예를 들면 달걀의 흰자위라든가, 지금 우리가 문제로 삼고 있는 고무가 그런 거지. 이런 것은 하나의 분자 그 자체가 이미 콜로이드입자의 크기이기 때문이라고 생각해야 할 거야. 하나의 분자가, 보통의 작은 분자보다 수백 배에서 수천 배나 훨씬 더 크다는 것이지.

이런 거대분자로써 이루어진 물질을 가리켜 **고분자물질**(高分子物質)이라고 부른단다.」

「네, 합성수지 등은 모두 고분자물질이에요.」

「그렇지. 성수는 합성수지를 연구하고 있으니까 잘 알고 있군.

자, 그럼 이런 관점으로 우리 주위의 물질을 살펴보자. 이 책상 위를 한번 훑어보기만 해도 볼펜 촉이라든가 삼각자, 종이, 연필 자루가 있잖아. 책상의 쇠붙이, 칼, 호치키스 등 금속 이외는 모두가 고분자물질이란 말이야.

교과서에 나오는 물질이 왠지 우리의 일상생활과는 관계가 없는 것처럼 생각되는 하나의 원인은 여기에 있다고 봐. 즉 교과서에 잘 나오는 기본이 되는 작은 분자의 물질은, 불안정해서 일상생활 속에서는 별로 쓰이지 않거든. 쉽게 기체로 변해버리거나, 물에 녹아버린다면 책상 위에는 둘 수 없게 될 것이니까 말이야.

자, 이쯤에서 다시 고무 이야기로 돌아가 보자. 원소분석에서 고무의 분자는 $(C_5H_8)_n$이라고 했었지. 그런데 고무도 고분자물질이라고 하면 이 n은 수백에서 수만이라고 생각하면 될 거야.」

「그럼 분자를 측정했다고 하면, 수천에서 수십만이 된다는 이야기군요.」

「암, 그렇고말고.」

「정말이에요?」

「글쎄다. 그렇다면 이 문제를 생각해 보기로 하지.」

7. 고분자물질을 분해해서 조사한다

「보통의 콜로이드입자가 용제를 바꾸면, 작은 분자로 나누어진다는 건, 콜로이드입자가 작은 분자의 집합으로 되어 있어서, 그 단위분자끼리의 결합이 본격적인 화학결합이 아니기 때문에 쉽사리 끊어질 수 있다는 거야. 이에 반해서 거대분자인 콜로이드의 경우는 같은 작은 분자 단위의 집합으로 되어 있어도 단위분자끼리의 결합이 본격적인 화학결합이기 때문에, 용제를 바꾸는 정도로는 도저히 끊어지지 않는 거라고 여겨지고 있단다.」

「네.」

「하지만 그 화학결합도 끊어버릴 만한 힘을 작용한다면, 끊어질 거라는 건 생각할 수 있지 않겠니.

음…… 그렇지, 너희들이 알고 있는 것으로는 녹말이 좋은 예가 될 거야. 녹말은 더운물에 녹이면 질퍽질퍽한 용액이 되잖니, 갈탕이라고 하지.」

「네, 전 그걸 좋아해요.」

「그래, 이것도 콜로이드용액이야. 녹말가루를 현미경으로 관찰하면 녹말입자가 보이지. 그러나 갈탕은 현미경으로 보아도 아무것도 보이질 않아. 즉 녹말분자는 현미경으로는 안 보이는 거야. 녹말분자가 많이 모여서 녹말입자를 형성하고 있고, 이 입자가 곡식이나 감자 속에 들어 있는 거야. 고무에서는 라텍스입자가 이 녹말입자에 해당하며, 녹말분자에 해당하는 것에 고무분자가 있다 -이렇게 생각하면 될 거야.

그런데, 너희 녹말의 가수분해 실험을 해 본 적이 있니?」

「네, 있어요. 중학생 때요…….」

「녹말에 아밀라아제라는 효소를 가하거나, 산을 가한 다음 가열했어요.」

「그래서 어떤 결과를 얻었지?」

「아밀라아제의 경우, 맥아당이 생겼어요.」

「산으로 가수분해하면 포도당이 돼요.」

「그렇지. 그러면 포도당이나 맥아당, 그리고 녹말의 분자식은 어떻게 나타내니?」

「네, 포도당은 $C_6H_{12}O_6$, 맥아당은 $C_{12}H_{22}O_{11}$이고, 녹말은 $(C_6H_{10}O_5)_n$ 이에요.」

「그래 맞아. 즉 이런 거지.

맥아당

$$C_{12}H_{22}O_{11} = C_6H_{12}O_6 + C_6H_{12}O_3 - H_2O$$

녹말

$$(C_6H_{10}O_5)_n = (C_6H_{12}O_6 - H_2O)_n$$

「네, 그래요.」

「아주 엄밀하게 말하면 말이야. 녹말은 $\{(C_6H_{10}O_5)_n + H_2O\}$로 나타내야 하는 거다. 그러나 n이 매우 큰 수이므로 H_2O는 생략해 버리고 $(C_6H_{10}O_5)_n$으로 나타내는 거란다.」

「네? 그건 어떤 뜻이에요?」

「포도당의 분자식은 $C_6H_{12}O_6$이지만, 구조식에서는

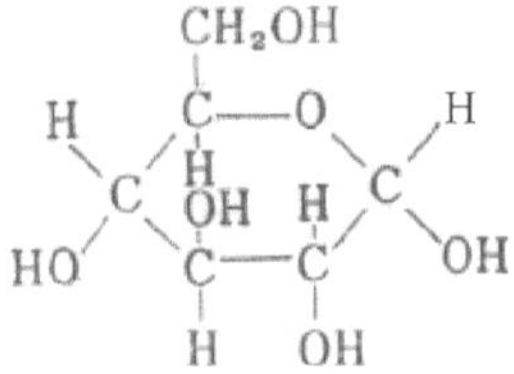

```
            CH₂OH
              |
      H       C——O       H
       \    / H    \    /
        C   OH  H   C
       / \   |  |  / \
     HO    C——C      OH
           |  |
           H  OH
```

가 되는 거야. 그러나 지금은 전체 구조를 생각하지 않아도 되니까 요점만 〈그림 II-4〉의 ①처럼 나타내기로 하자.

즉 양쪽에 －OH라는 가지가 붙은 6각형의 분자인 거야. 이런 포도당 분자 2개가 접근해서, 양쪽의 －OH로 부터 H_2O가 빠져 나가고, －O－라는 결합을 이루게 되는 거야(〈그림 II-4〉의 ②). 이게 맥아당이야. 즉 $C_6H_{12}O_6+C_6H_{12}O_6-H_2O \rightarrow C_{12}H_{22}O_{11}$이 되는 거야.

이처럼 2개의 분자로부터 1개의 물분자(물분자가 아닌 경우도 있다)가 빠져 나가서 결합이 이루어지는 반응을 축합(縮合)[06]이라고 부르는 거야.」

「그러니까 수축해서 합쳐진다는 이야기군요.」

「그래. 그리고 그 반대 방향, 즉 축합해서 생성된 분자에 물분자를 반응시켜서, 본래의 두 분자로 분해하는 반응을 **가수분해**(加水分解)라고 부르

---

06 2개 이상의 분자 또는 같은 분자 내에서 2개 이상의 부분이 (보통은 원자 또는 원자단을 분리해서) 새로운 결합을 만드는 반응을 축합이라고 하고, 축합에 의해서 중합반응이 일어날 때, 축중합(縮重合)이라고 한다.

단백질은 두 가지 이상의 아미노산 분자가 축중합(H_2O가 빠져 나간다)해서 이루어진 것이고, 녹말은 포도당 분자가 축중합(H_2O가 빠져 나간다)해서 이루어진 것이다.

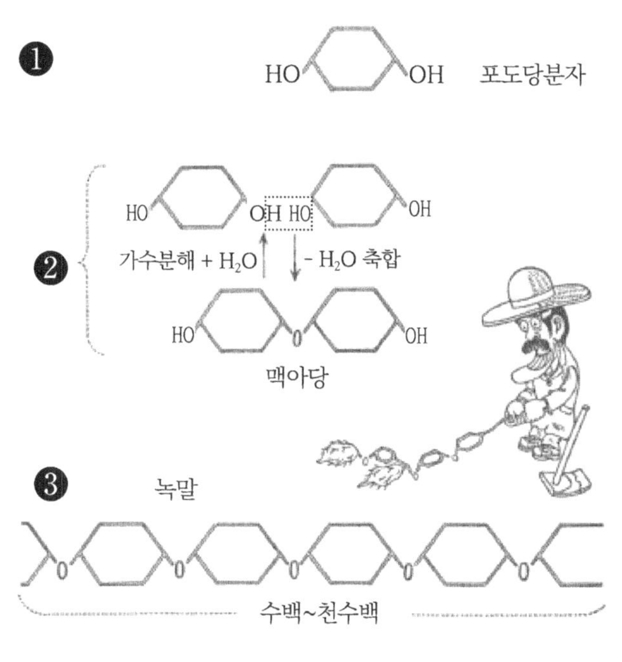

그림 II-4 | 축합과 가수분해

는 거야.」

「물을 가해서 분해하는 셈이군요.」

「자, 그럼 맥아당분자를 보도록 하자. 또 양쪽에 -OH 2개가 있지. 그러므로 이 -OH가 다른 포도당과 축합할 가능성이 있지 않겠니. 이런 식으로 말이야.

$$C_{12}H_{22}O_{11} + C_6H_{12}O_6 - H_2O$$

$$\rightarrow C_{18}H_{32}O_{16}$$ 」

「아, 정말 그렇겠군요.」

「그게 또 차례로 다음 포도당과 결합하고…… 이런 식으로 해서, 결국 n개의 포도당이 연결되는 걸 생각할 수 있을 거야. 즉

$$
\begin{aligned}
&= nC_6H_{12}O_6 - (n-1)H_2O \\
&= nC_6H_{12}O_6 - nH_2O + H_2O \\
&= n(C_6H_{12}O_6 - H_2O) + H_2O \\
&= n(C_6H_{10}O_5) + H_2O \\
&= (C_6H_{10}O_5)_n + H_2O
\end{aligned}
$$

이 n이 수백~수천 개가 연결된 게 녹말인 거야(〈그림 II-4〉 ③). 그러므로 녹말의 분자식은 정확하게는 $\{(C_6H_{10}O_5)_n + H_2O\}$가 되는 거란다.」

「네, 그렇군요.」

「이 녹말을 가수분해하면 맥아당이 되고, 그걸 계속해서 가수분해하면 포도당이 되는 셈이지.」

「아, 그런 거군요.」 수진이는 감탄하고 있지만, 성수는 그래도 미심쩍다는 표정이다.

「하지만 좀 이상한 걸요.」

「무엇이 이상하지?」

「그게, 녹말 속 -O-의 연결은 어느 부위에서나 같은 게 아닌가요?」

「그렇지.」

「그렇다면 어째서 아밀라아제로 가수분해하면 맥아당이고, 산으로 분해하면 포도당이 되는 거예요? 아밀라아제에서도 포도당이 되어야 하잖아요?」

「성수는 과연 생각하는 게 다르단 말이야. 나는 단순해서 그런 건 생각해 보지도 않았는데…….」

「그건 말이야, 아밀라아제의 분자가 크다고 생각하면 될 거야. 아밀라아제와 같은 효소는 일종의 단백질로서 매우 큰 분자이거든. 이 분자 구조의 일부에 딱 들어맞게 맥아당을 송두리째 감쌀만한 곳이 있어서, 녹말의 긴 사슬 속의 2개의 포도당 단위씩을 차례로 끊어 나가는 거야. 그래서 맥아당으로까지 분해되는 거란다.

이것에 대해서, 산 속에서 작용하는 건 H^+이거든. 실제로 H_3O^+(옥소늄 이온)이지만 말이야. 이건 물분자 정도의 크기인데, 포도당과 포도당 사이의 -O-의 연결점에 쉽게 들어갈 수 있는 거야. 그러므로 모든 -O-를 끊

게는 쌍칼잡이, 하늘소는 외칼잡이

어버린다고 생각하면 될 거야.

말하자면, 아밀라아제는 쌍칼을 쓰는 거야. 두 개의 집게발 사이가 꼭 맥아당의 크기만 하기 때문에, 맥아당 단위로 끊어 나가는 거지. 이것에 대해 H^+는 하늘소라고 해야겠지. 하나씩만 끊어 간다고 생각하면 어떻겠니?」

「아, 그럼 끊기는 쪽의 책임이 아니라, 끊는 쪽의 사정에 달렸다고 하겠네요.」

「그런 거지.」

「그렇다면 고분자물질은 적당한 효소가 있으면, 모두 가수분해가 되는 거예요?」

「글쎄다. 그건 잠깐만 기다려 봐. 축중합이 아닌 중합도 있으니까.」

8. 고분자물질이 만들어지는 방법 - 중합이라는 반응

「그런데……」라고 하면서, 삼촌은 책상 서랍을 열고 무엇을 찾고 있었는데, 이윽고 투명한 자루를 끄집어냈다.

「이건 너희들도 잘 알고 있을 거야. 폴리에틸렌 자루야. 이것에 대해서는 나중에 자세히 설명하겠지만, 지금은 화학식만 생각하기로 하자. 이걸 화학식으로 나타내면 $(C_2H_4)_n$이 되는 거야. 녹말의 $(C_6H_{10}O_5)_n$, 고무의 $(C_5H_8)_n$과 같은 거지. n은 수백, 수천이라는 큰 수를 나타내는 거야. 그러므로 이 폴리에틸렌도 고분자물질인 거야. 그런데 이 (　　　) 속의 부분이 고분자의 단위가 되는 부분인데, 이걸 **단량체**(單量體; monomer)라고 하는데, 이걸 비교해 보기로 하자.

중합체	**단량체**
녹말 $(C_6H_{10}O_5)_n$	포도당 $C_6H_{12}O_6$
폴리에틸렌 $(C_2H_4)_n$	에틸렌 C_2H_4

어때? 어딘가 다르지 않니?」

「음…… 아, 그래요. 녹말 쪽은 포도당으로부터 물분자가 빠져나가서 중합해 있지만, 폴리에틸렌 쪽은 ( ) 속과 단량체가 같은 식이에요.」

「그래 잘 맞혔어. 에틸렌으로부터 폴리에틸렌이 생성될 때는 물분자가 빠져나가지 않아. 즉 축중합이 아니라는 거야.

이처럼 어떤 분자도 빠져나가지 않고, 단량체가 그대로 중합해서 큰 분자가 되는 걸 **첨가중합**(添加重合)이라고 하는 거야.」

「앗, 이제 알았다. 그러니까 폴리에틸렌을 에틸렌으로 되돌리는 건 가수분해가 아니라는 말씀이지요.」

「그래, 그렇단다. 보통의 분해라고 해도 간단하게는 분해되지 않아. 보자…… 너희들이 배웠던 분해 반응의 예로는, 염소산칼리의 분해가 있겠군. 산소를 만드는 방법이 이런 식이었지.

$$2KClO_3 \rightarrow 2KCl + 3O_2$$

이 분해반응은, 이산화망간을 촉매로 사용하면 비교적 낮은 온도, 즉 실험실 시험관 속에서 조금만 가열하는 정도로도 분해하거든. 촉매에 관해서는 뒤로 미루고, 가열한다는 것이 분해의 한 가지 방법이란 건 알 거야. 이걸 **열분해**(熱分解)라고 하는 거다.

열이라는 건 분자의 운동에너지를 말하는 거야. 그러니까 가열해 준다는 건 분자의 운동을 활발하게 해 준다는 것이며, 말하자면 큰 분자를 휘둘러서 그 일부를 뜯어내는 걸 열분해라고 할 수 있겠지. 좀 거친 표현이기는 하지만…….」

「촉매에 의한 분해는 게가 집게로 뚝 자르는 것이었지요?」

「그렇게 생각하면, 게가 집게로 뚝 자르는 방법은 언제나 같은 크기로 자르는 걸로 생각할 수 있지만, 뜯어 채는 경우는 그렇게는 안 돼. 뜯겨 나가는 크기가 각각 다르다고 생각될 거야. 석유의 크래킹(cracking; 열분해)이라고 해서, 중유와 같은 큰 석유 분자를 열분해해서 휘발유와 같은 작은 분자를 만드는데, 이때도 잘려서 생성되는 작은 분자는 한 종류가 아니고, 수소나 에틸렌, 프로필렌, 또는 펜텐 등으로 여러 종류가 되는 거야.

석유 이야기는 나중에 하기로 하고, 본론인 고무로 되돌아가보자. 고무는 앞에서도 말했듯이 $(C_5H_8)_n$ 이라는 식으로 나타내지는 고분자물질이었지. 그리고 이건 축중합으로 생성된 고분자가 아니라 첨가중합에 의한 거야. 그러므로 그 단량체는 ( ) 속과 마찬가지로, C_5H_8이라는 화학식의 물질이 되는 거야.」

「C_5H_8이 무엇이죠?」

「이건 이소프렌이라는 물질이지.」

「그럼, 고무를 열분해하면 이소프렌이 되는 거군요.」

9. 생고무의 화학식은 $(C_5H_8)_n$ 이라고 할 수 있다

「그렇단다. 그렇다고 해서 지금 말한 것처럼 열분해에서 이소프렌 한 가지만 나오는 건 아니야.

공기를 차단하고 가열하는 건 건류라고 하는데, 일종의 열분해인 거야. 나무를 건류하면 기체가 나오고 숯이 남거든. 석탄을 건류하면 코크스와 콜타르와 기체가 되거든.

고무도 건류하면 역시 기체가 발생하지. 그걸 냉각하면 일부는 액체가 되고, 뒤에는 탄소가 약간 남게 돼.

우리가 실험실에서 작은 유리 레토르트에 고무를 넣고 건류한 결과로, 조건에 따라서 다르지만 이소프렌으로 보이는 액체를 5~20%를 얻었지.」

삼촌은 약품 선반에서 갈색의 작은 시약병을 갖고 오셨다. 그러고는 「자, 성수야. 손바닥을 내 보렴.」하고 말하면서 성수의 손바닥 위에, 시약병에서 몇 방울의 무색 액체를 떨어뜨렸다. 성수는 그걸 코에 갖다 댔다.

「휘발유 비슷한 냄새가 나요. 하지만 좀 더 강한 냄새인걸요.」

「그래? 어디 나도 맡아 볼까.」 수진이가 코를 내밀었을 때는 성수의 손바닥에 액체가 거의 남아 있지 않았다.

「이 물질은 아주 쉽게 증발하나 봐요.」

「응, 끓는점이 34℃이니까 사람의 체온으로도 끓었을 거야.」

「이게 이소프렌이에요?」

「그렇단다. 이게 C_5H_8이라는 식으로 나타내는 순수한 이소프렌이야.」

「이게 고무를 건류하면 얻어지는군요.」

「아니야. 건류해서 나오는 건 이처럼 순수하질 않아. 이건 몇 번이나 건류해서 순수하게 만든 거야.」

「그렇다면 반대로 이것으로도 고무를 만들 수가 있나요?」

「그럼. 건류해서 나온 이소프렌 등이, 금방 또 고무 상태로 되어 버리는 일도 있지. 그러나 이소프렌으로부터 고무를 만들게 된다면, 이때 또 다른 어려운 문제가 있지. 하지만 고무가 이소프렌의 중합으로 만들어진 것이라는 걸 증명하기 위해서는 이소프렌으로부터 고무가 만들어지는지 실험해 봐야겠지.」

「고무를 분해하면 이소프렌이 나온다. 반대로 이소프렌을 중합시키면 고무가 만들어진다. 이 양쪽이 필요하다는 것이군요.」

「그럼, 그 이야기를 해 주세요.」

「물론 이야기할 생각이었어. 그전에 한 가지 확인해 둘 필요가 있단다. 그건 말이야, 고무를 건류해서 나온 액체를 다시 정제한 이 병 속의 무색 휘발성 액체가 이소프렌이라고 했지. 그리고 한편으로는 앞에서 한 이야기로부터, 고무는 $(C_5H_8)_n$으로 나타내지는 고분자물질이라고 했고, C_5H_8가 이소프렌의 단량체라고 말했지. 그걸 너희는 믿었고.」

「네.」

「아, 그렇게 말씀하시니까 좀 이상한데요. 이 건류에서 얻은 액체가 C_5H_8인지 어떤지는 아직 모르잖아요?」

「그래, 바로 그거야. 건류에 의해서 나온 이 휘발성 액체가 C_5H_8인 걸 먼저 확인하지 않으면 안 되는 거야.

이런 사실을 확인하는 실험으로는, 이 액체의 원소분석을 할 필요가 있는 거다. 그 방법은 생고무의 경우와 마찬가지란다. 자 그럼 이제 방금 한 이야기로 이 실험은 이미 했다고 치고, 그 실험식이 C_5H_8이라는 걸 알았다고 하자. 다음에는 생고무의 경우, 분자량을 조사하지 못했는데, 이번에는 측정이 될 수 있을 거야.」

「네. 기체가 되기 쉬운 물질이기 때문에, 기체의 상태방정식을 이용한 방법이나, 산소에 대한 비중을 구하는 방법으로 그 분자량을 알 수 있겠군요.」

「그렇지. 그러나 이와 같은 C와 H만으로 이루어진 화합물은 좀 더 다른 간단한 방법으로 분자식을 조사할 수 있지.

너희들은 물의 조성을 조사하는 실험을 해 본 적이 있겠지. 그때 유디오미터(eudiometer)라는 장치를 쓰지 않았니?」

「네. 물은 수소 2 부피와 산소 1 부피의 비로써 화합해 있다는 걸 가리키는 실험에서 사용했기 때문에 알고 있어요. 백금선의 전극이 봉해져 있는 뷰렛(burette)을 거꾸로 세운 것과 같은 것이었어요.」

「그렇지. 지금 34℃ 이상의 온도에서 기체로 된 이소프렌을 유디오미

터에 넣는 거야. 그리고 그 부피를 읽는 데 가령 Acc가 있었다고 해. 그것에다 충분한 양의 산소를 섞어서 그 부피를 재는 거야. 이것이 Bcc였다고 하자. 거기서 전기불꽃을 일으켜 연소시키면, 물이 생기면서 부피가 줄어들 거야. 이때 남은 기체의 부피를 Ccc라고 하지. 다음에는 이 기체를 수산화나트륨이 들어 있는 기체뷰렛으로 이끌어서, 그 속의 이산화탄소를 흡수시킨 다음, 다시 본래로 되돌려서 부피를 재면, 부피가 줄어들었을 거야. 이때의 부피를 Dcc라고 하면, (C-D)cc가 이산화탄소의 부피라는 걸 알 거야.

물론 이 실험 중에는 실온이 변화하지 않도록 하는데, 만일 변화했으면 그 온도로 보정(補正)해야 하는 거야.

여기서 처음 이소프렌의 부피 Acc와 (C-D)cc를 비교하면 되는 거야.」

「?!」

「알겠니. 이소프렌의 분자식을 C_5H_8이라고 가정하면, 이때 연소반응식은

$$C_5H_8+7O_2 \rightarrow 5CO_2+4H_2O$$

가 되겠지. 이소프렌 1㏖에서 이산화탄소 5㏖이 생성되는 거지. 그러므로 만약 이소프렌이 C_5H_8이면,

$$5A=(C-D)$$

가 될 거야. 기체의 1㏖은 어느 기체이건 0℃ 1기압으로 환산하면, 그 부

피가 22.4ℓ니까 말이다.」

「아, 네. 그렇게 되는군요.」

「만약 이소프렌이 $C_{10}H_{16}$이라면, 그 연소반응식은

$$C_{10}H_{16}+14O_2 \rightarrow 10CO_2+8H_2O$$

이므로

$$10A=(C-D)$$

가 될 거야.」

「아, 그랬었군. 그래서 실험의 A와 (C-D)의 비를 보면 알 수 있는 거군요.」

「분자량을 구하지 않아도 된다는 이야기야.」

「과연 그렇군요.」

「자, 이와 같은 방법으로 이소프렌의 분자식을 구해 보면 C_5H_8이라는 걸 알았겠지.」

「정말 멋진 방법이군요. 고무는 이소프렌의 중합체라는 것의 절반은 증명이 된 셈이에요.」

「그래. 나머지는 C_5H_8로부터 고무를 만드는 일이야. 자, 성수야. 네가 그렇게 귀찮다고 말하던 메탄이니 에틸렌계니 하는 유기화학의 기초에 관해서인데, 이 과정을 거치지 않으면 안 되거든. C_5H_8을 더 잘 이해하기 위해서 말이야.」

「네, 이젠 그런 말은 하지 않겠어요.」

「하하하. C_5H_8과 같이 탄소와 수소로만 이루어져 있는 화합물이 사실

은 수십만 종류나 있는데, 이 그룹을 탄화수소라고 부르지. 그러므로 이 탄화수소에 관한 공부를 좀 더 체계적으로 하기로 할까?」

「네, 삼촌. 부탁해요. 꼭 좀…….」

Ⅲ. 탄화수소라는 화합물 집단

1. C와 H만으로 어떻게 많은 화합물이 생성될까?

「C와 H의 화합물만 해도 수십만 종류가 있는 거예요?」

「그렇단다.」

「믿어지지 않아요. 두 종류의 원소 화합물만 해도 지금까지 배운 거로는 기껏해야 두 종류나 세 종류에 지나지 않았는걸요. 수소와 산소의 화합물은 H_2O와 H_2O_2(과산화수소)의 두 종류잖아요? 탄소와 산소는 CO와 CO_2, 황과 산소의 화합물은 SO_2(이산화황)와 삼산화황(SO_3)이고요. 세 가지라면…….」

「질소와 산소의 화합물이야. N_2O(일산화이질소), NO(일산화질소), NO_2(이산화질소) 등이 있잖아.」

「아, 그렇지. 철과 산소도 그래. FeO와 Fe_2O_3 과 Fe_3O_4」

「네 종류의 것도 있을까요?」

「글쎄. 어디 똑똑히 조사해 보렴.」이라고 하면서 삼촌은 책꽂이에서

『화학핸드북』을 꺼내 두 사람 앞에 놓았다.

「여기, '중요 무기화합물 성질표'라는 데에 약 1,000종의 화합물이 나와 있단다. 물론 이게 전부는 아니지만, 이 속에서 두 종류의 원소로써 구성되는 화합물로 많은 걸 찾아볼까.」

성수와 수진이는 어깨를 맞대고 책장을 넘겼다. 그러고는 겨우 네 종류와 다섯 종류가 있는 걸 한 벌씩 찾아냈다.

$$MnO,\ Mn_2O_3,\ Mn_3O_4,\ MnO_2$$

$$N_2O,\ NO,\ N_2O_4,\ N_2O_3,\ N_2O_5$$

이다.

「질소와 산소의 화합물에 다섯 종류나 있다니, 정말 놀랐는데요.」

「하지만 두 종류나 세 종류의 것이 대부분인걸요. 그러니까 C와 H의 화합물만 해도 수십만이나 있다니 아무리 생각해도 이상해요.」

「그렇다면 그 이유를 생각해 볼까. 이건 일찍이 원자의 구조에 원인이 있었던 거야. 그러니까 탄소원자의 신체검사부터 시작해 보기로 하자.」

2. 탄소원자 구조의 비밀

「원자가 원자핵과 그 주위를 돌고 있는 전자로 이루어져 있다는 건 이미 배웠겠지. 원자의 종류를 구별하는 건 핵 속 양성자의 수, 그건 주위를

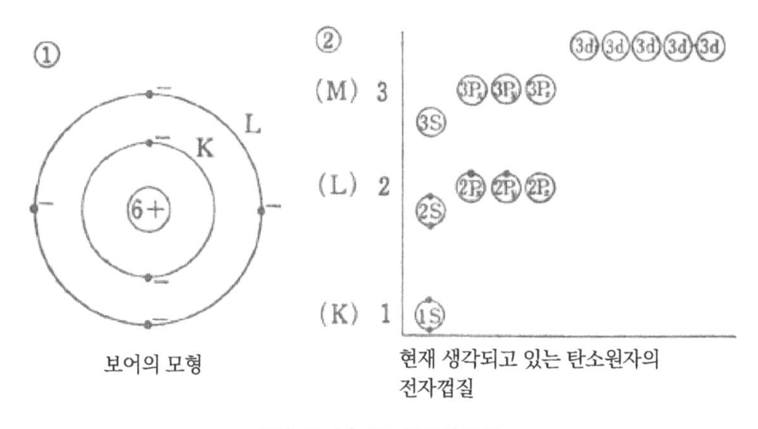

그림 Ⅲ-1 | 탄소원자의 모형

돌고 있는 전자의 수와 같으므로 이 수를 **원자번호**(原子番號)라고 하며 지금 우리가 문제로 삼고 있는 탄소원자는, 원자번호가 6이므로 핵 속에 양성자가 6개가 있고, 핵 주위를 6개의 전자가 돌고 있는 셈이야.

현대적인 원자구조의 개념을 제창한 사람은 닐스 보어[01]인데, 그가 제창한 원자모형에 따르면, 이 6개의 전자 중에서 2개는 안쪽 궤도를 돌고, 4개는 바깥쪽 궤도를 돌고 있다는 거야(〈그림 Ⅲ-1 ①). 이 바깥쪽에 있는 4개의 전자가 원자가전자(原子價電子)라고 해서, 화학반응에 관여하는 것이란다. 가전자가 4개이므로 탄소의 원자가가 4라고 하면 일단은 쉽게 설

01 닐스 보어(N. Bohr, 1885~1962). 덴마크 물리학자. 1913년 러더퍼드 원자모형에 양자가설을 응용해서 수소의 스펙트럼 성질을 밝혀 양자론의 발전에 크게 기여했다. 1922년도 노벨 물리학상을 수상했다.

명이 될 것야. 하지만 이것이라면 원자의 구조가 평면적이기 때문에 공간 속에서는 어떻게 되어 있는지를 알 수가 없거든.

그래서 더 자세히 연구해서 원자핵 주위의 전자는 태양 주위를 돌고 있는 지구처럼 선 모양의 원둘레 위를 도는 것이 아니라 사과의 심과 껍질처럼 구의 표면을 돌고 있다는 걸 알게 되었단다. 그래서 전자의 궤도라기보다는, 전자껍질(電子殼)이라는 것이 더 적당할 거라고 믿게 되었지. 이 껍질이 원자핵 주위에 몇 겹으로 있어서, 안쪽 껍질서부터 K껍질, L껍질, M껍질……이라는 이름이 붙여진 거야. 즉 탄소원자에서는 K껍질에 2개, L껍질에 4개의 전자가 있다는 게 되는 거야. 그렇다면 "왜 전자는 K껍질에는 2개이고, 3개나 4개는 들어갈 수 없는가"라는 의문이 생기게 되잖아?

그래서 더 자세히 조사해 본 결과, 전자껍질은 더 복잡한 구조를 하고 있다는 걸 알게 되었지. 즉 K껍질은 1개밖에 없는데도 L껍질은 4개, 또 M껍질에는 9개라는 식으로, 핵으로부터의 차례를 n이라고 하면, 모두 n^2개의 껍질이 있다는 걸 알게 된 거야.

사실 전자에는 오른쪽으로 회전하는 것과 왼쪽으로 회전하는 두 가지 상태가 있거든. 하나의 껍질[02]에는 이와 같이 한 벌의 전자만이 들어가게 되는 거야.

02 원자 내에서 어떤 에너지를 갖고 있는 전자가 원자핵 주위의 어떤 주어진 공간에 존재할 수 있는가의 확률로 전자의 분포를 나타낸다. 이처럼 어떤 에너지준위에 있는 하나의 전자가 원자핵 주위에 분포할 수 있는 모든 영역을 오비탈(orbital; 궤도)이라고 한다.

그러므로 K껍질에 먼저 1개의 전자가 들어간 게 수소원자이고 한 쌍, 즉 2개의 전자가 들어간 게 헬륨원자야. 이걸로 K껍질은 만원이 되어 버리니까 3개의 전자가 있는 리튬에서는 다시 L껍질로 1개의 전자가 들어가게 되는 거지.

그런데 K껍질은 하나이기 때문에, 이런 모양은 구형(球形)으로 생각하면 될 거야. 하지만 L껍질에는 4개의 껍질이 있으므로 모두가 구형이라면 겹쳐져서 구별이 안 될 거야. 그래서 4개 중에서 1개가 구형이고, 다른 3개는 세로, 가로, 높이, 즉 수학에서 친숙한 좌표를 사용하면 x, y, z의 세 방향으로 길게 뻗은 아령 모양을 한 원구형(円球形)이라는 걸 알게 된 거야.

이 구형의 껍질을 S, 아령 모양의 껍질을 P라고 하자. 그러므로 핵에서부터 세어서 첫 번째의 K껍질에는 $1S$껍질만이, 두 번째의 L껍질에는 $2S$, $2P_x$, $2P_y$, $2P_z$라는 4개의 껍질이 있게 되는 거야. M껍질이 되면 다시 d껍질이라는 종류가 있는데, 여기서는 탄소와 관계가 없기 때문에 다루지 않을 거야.

그런데 이걸 모형으로 그리면 〈그림 Ⅲ-1 ②〉, 원자핵으로부터의 높이(에너지준위)를 세로축으로 잡는 거야. ○가 1개의 전자껍질을 나타내고, •이 전자이고, •이 없는 건 빈 껍질인 거야.」

「아, 그렇다면 C원자의 L껍질은 $2P_x$와 $2P_y$의 껍질에 또 4개의 전자가 들어갈 수 있다는 거군요.」

「그래, 그렇지. L에 모두 다 전자가 들어간 게 원자번호 10의 네온이란다. 11번의 나트륨에서는 $3S$의 껍질에 전자가 1개 들어가 있는 셈이 되지.」

「아, 정말 그렇군요. 한 번 배우기는 했었는데, 잘 몰랐어요. 이제야 겨우 알았어요.」

「하하하. 과연 복습이 필요하다는 걸 이제는 알겠지. 자 그럼 계속 복습을 해보면 이런 구조의 원자 결합에 대해서 생각해 보기로 할까.」

「원자가 다른 원자와 결합할 때의 결합에는 크게 나누어 이온결합과 공유결합(共有結合)의 두 가지가 있었잖니?」

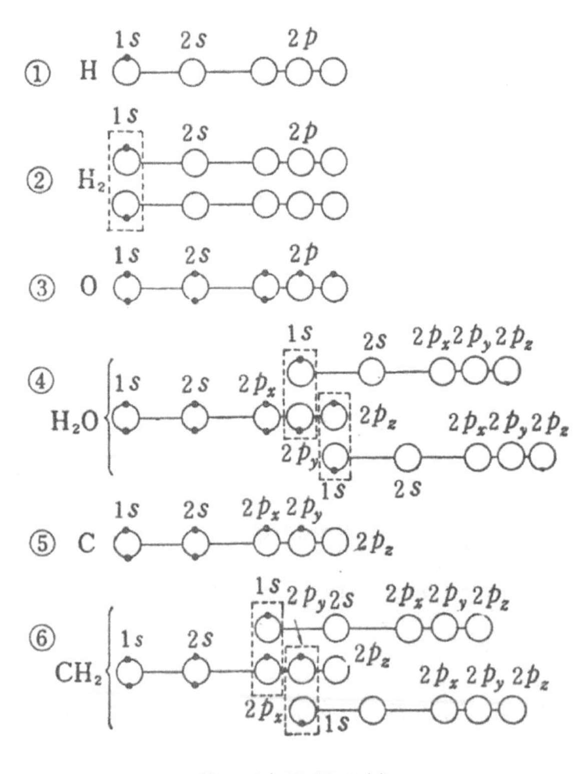

그림 Ⅲ-2 | 전자구조 (1)

「네.」

「지금 문제로 삼고 있는 탄소원자는 공유결합의 전문가야. 그러므로 공유결합에 대해서 알아보기로 하자.

공유결합이라는 건, 결합하는 두 원자로부터 서로 전자를 내놓아 전자쌍(電子雙)을 만들고, 이 전자쌍을 두 원자가 공유하는 결합이었지. 이 전자쌍이 하나의 전자껍질 위에 안정하게 들어가는 거야. 오른쪽 방향으로 도는 것과 왼쪽 방향으로 돌아가는 전자가 쌍을 이루는 거야.

자, 그럼 알기 쉽게 제일 간단한 구조의 수소원자에서부터 수소분자가 이루어지는 결합을 생각해 보기로 하자. 〈그림 Ⅲ-2〉 ①을 보자. 이게 H 원자의 전자구조인 거야. *1S*에 전자가 1개가 있을 뿐이고 다른 껍질은 비어 있는 거다. 실제는 더 오른쪽에 *3S*, *3P*…… 등이 있지만, 여기서는 *2P*까지만 나타냈고 다른 건 생략한 거야.

그런데 이런 H와 H가 만나면 *1S*의 전자를 공유해서 H_2분자로 결합하는 거야. 이걸 그림의 ②와 같이 나타내기로 하자. 즉 ⬚로 둘러친 부분에서 공유 결합이 이루어졌다는 걸 가리키는 거야.

다음에는 산소를 생각해 보기로 하자. 그림의 ③은 단독인 O원자의 전자구조야. *2P*에 짝이 없는 전자 2개, 즉 반대스핀을 이루지 않는 2개의 전자가 있거든. 그러므로 이 O와 H가 결합해서 물(H_2O)이 되면, 그림의 ④와 같이 되는 거다.」

「네, 정말….」

「2개의 수소원자 중 한쪽이 O의 원자핵보다 멀리 떨어져 있다는 말이에요?」

「아니야, 수진아. 그렇게 모형도대로만 생각하면 곤란해. $2P$의 껍질은 x, y, z의 세 방향으로 뻗어 있지만, 핵으로부터는 같은 높이[03]에 있을 거거든. 그림에서는 한 줄로 나타내고 있지만, 3개의 $2P$의 ○는 모두 같은 높이인 거다.」

「아, 그랬죠. 네, 알았어요.」

「그럼 이젠 탄소원자에 대해서 알아보기로 하자. 그림의 ⑤와 같이 C 원자에서는 $2P$에 전자가 2개가 있잖니. 그러므로 이 그림만으로 생각하면 C의 원자가전자는 2개로서 ③의 ○와 비슷한 거야. 따라서 2가로서 화합할 게 아니냐고 생각될 거야. 즉 H와 화합하면 그림 ⑥처럼 CH_2라는 분자를 만들 게 아니냐고 말이다.」

「네, 그렇게 말씀하시니까 그렇군요.」

「CH_2라는 원자가 있기는 있어. 그러나 불안정하기 때문에, 이것이 CH_2다 하고 샘플로 될 만큼 많이 만들 수는 없는 일이야.」

「왜요?」

「그건 같은 높이에 있는 또 하나의 $2P_z$ 껍질이 비어 있으므로, 이쪽이 전자를 잡아당긴다고 생각하면 좋겠지.」

「그래서 말이다. C원자는 단독으로 있을 때는 어쨌든 간에, 다른 원자와 화합할 때는 4개의 전자를 $2S$, $2P$가 사이좋게 서로 나누어서, 그림 ⑦

03 여기서 높이라는 것은 쉽게 표현하기 위해 쓰인 말인데, 에너지준위를 뜻한다.

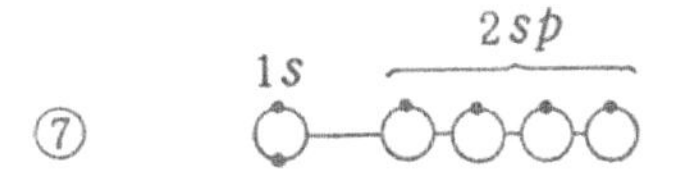

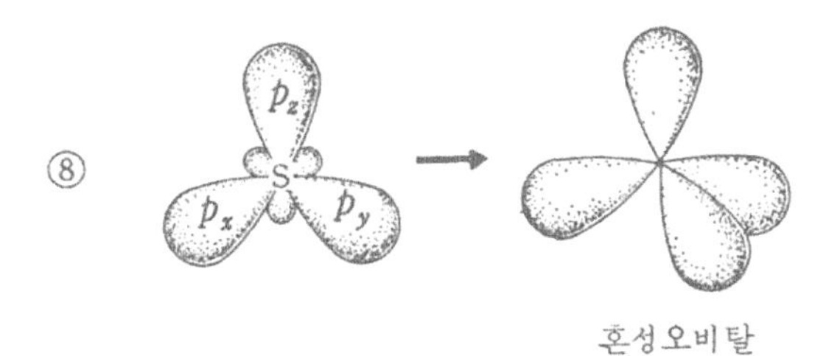

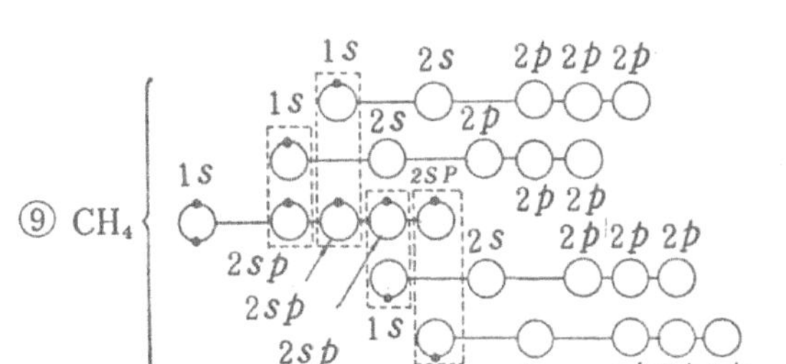

그림 Ⅲ-2 | 전자구조 (2)

과 같이 되는 거라고 생각하는 게 실제의 화합물을 생각하는데도 잘 들어맞는 거야. 사실 실제로 그렇게 되어 있다는 걸 알았지.」

「그게 무엇인데요?」

「음…. 이렇게 그려 볼까. $2S$는 원 모양의 껍질이므로, 핵의 중심에 구형으로 있어. 이에 대해 $2P$의 껍질은 핵을 원점으로 해서 x, y, z의 세 방향으로 길게 뻗어있는 셈이야(그림 ⑧의 왼쪽). 그게 S 쪽도 모양을 바꾸어서, 3개의 P와 그림 ⑧의 오른쪽처럼 4개의 길쭉한 껍질로 되는 거다.」

「그렇다면 이미 x, y, z의 세 방향이 아니라 더 넓어지는 거군요.」

「그래, 그렇지. 공간에 평등하게 네 방향으로 뻗는 거야. 이 점이 탄소의 화합물을 생각하는 데는 매우 중요한 점이란다.

자, 이렇게 화합하게 되면, 원자가전자는 4개가 되는데, H와 화합하면 CH_4가 되겠지. 즉 그림 ⑨와 같이 결합하는 거야.」

「아이고, 복잡해라.」

「이게 유기화합물 중에서 가장 작은 안정된 분자, 메탄이란다.」

「그렇군요.」

「자, 그러면 다음에는 분자의 모양을 생각해 보기로 하자. 우선 H_2O에서부터 시작해 볼까. 그림 ④를 다시 한번 보자. O원자의 3개의 P껍질 중 2개를 y와 z로 할까. 여기에 H원자가 1개씩 결합돼 있을 거야. 이 P껍질은 x, y, z의 3차원의 방향으로 뻗어 있는 셈이므로 입체적으로 보면 3개는 각각 90°의 각도로 공간 속에 뻗어 있는 거야. 그러므로 이 둘에 H가 결합한 것이니까 H-O-H의 각도는 90°가 될 거야.」

「네, 맞아요.」

「그런데 실제로 측정하면, 이 각도가 104.5°이거든.」

「어머. 왜 그렇게 되지요?」

「그건 H와 H가 부분적으로 플러스 전하를 띠고 있어서, 서로 반발하기 때문에 각도가 벌어진다고 생각하면 될 거야. 검전기의 박(箔)과 마찬가지로 말이야. 비슷한 화합물로서 F_2O의 경우, F-O-F의 각은 102°이지. H-O-H의 경우, H가 1개뿐인 전자가 O 쪽으로 쏠리게 되어 O 쪽의 전자밀도가 커지거든. 따라서 H의 핵 주위는 알몸처럼 되어 부분적으로 + 전하를 띠게 돼. 이 +와 + 사이의 반발력이 크단 말이야. 그런데 F의 경우에는, 원자가전자의 안쪽에는 아직도 전자가 있어서 핵 주위가 비어 있질 않아. 반발력도 조금 약해서 각도도 102°로 머물러 있는 거라고 생각하면 될 거야.」

「네, 이제 알았어요.」

「그럼 다음에는 H와 O의 또 하나의 화합물 H_2O_2를 생각해 볼까(〈그림 Ⅲ-3〉 ①).

H_2O에서 H-O-H가 104.5°인 것은 방금 말한 것과 같은 이유 때문이었지. 그래서 H-O-O-H로 결합하면 어떻게 될까? 이제는 H-O-O의 각

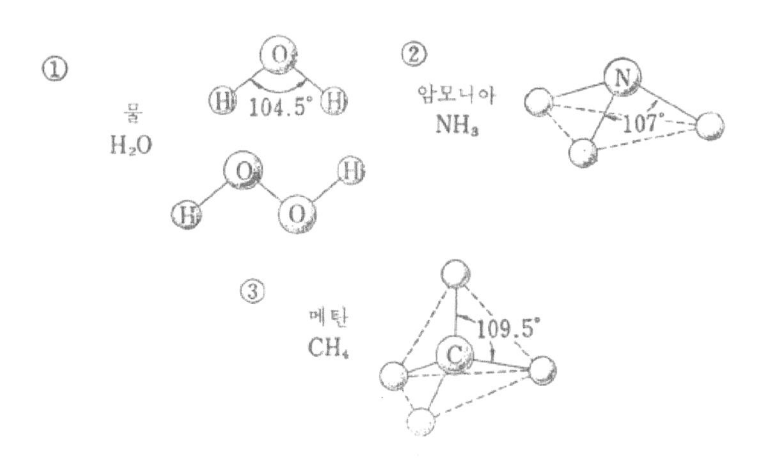

그림 Ⅲ-3 | 분자구조

도는 104.5°보다는 작아진다고 생각할 수 있을 거야. H와 H의 반발이 아니라, H와 O 사이는 인력이 작용하니까 말이야. H_2O_2 분자는 속에 서로 잡아당기는 힘이 있어서 불안정하다는 걸 생각할 수 있을 거야. 더구나 O가 3개나 연결되어 있는 H-O-O-O-H는 불안정해서 분해되어 버릴 거야.」

「……?」

「그럼, 결합수가 셋인 N의 경우를 생각해 보자꾸나. 마찬가지로 $2P$의 껍질 결합으로 NH_3이 생성되는 거야. 이 경우 x, y, z의 세 방향으로 H가 결합하기 때문에, H-N-H의 각도는 원래는 역시 90°이어야 하는데, 그게 역시 H의 반발력 때문에 벌어져서 107°로 되어 버리는 거야.

이 경우도 공간에 불균등하게 나와 있으므로 -N-N으로 결합하는 건 불안정성을 더하게 하는 거지.

자, 그러면 탄소로 되돌아가자. O나 N과는 달라서, L껍질에 전자가 4개이고 $2S$, $2P_x$, $2P_y$, $2P_z$의 4개의 껍질과 마찬가지 수다. 그래서 4개의 전자를 4개의 껍질에 배분한다는, O나 N에는 불가능한 일을 할 수 있는 거란다. 그래서 CH_4 속에서는 4개의 H가 공간에 모두 평등하게 뻗을 수가 있는 셈이지. 자, 그렇게 되면 C가 1개 더 연결되어,

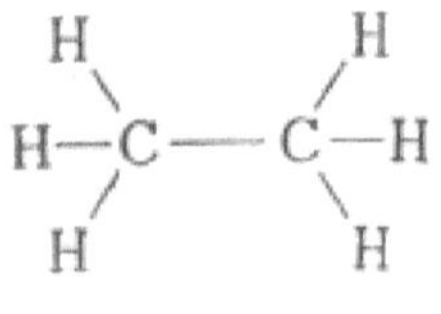

```
H         H
 \       /
H—C — C—H
 /       \
H         H
```

로 되어도 변형은 거의 없는 셈이다. 더욱더 연결되어

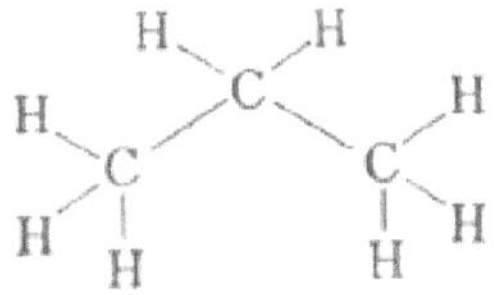

가 되더라도 사정은 거의 달라지지 않는 거야. 이런 이치로 C는 몇 개라도 연결돼 갈 수 있단다. 이것이 C와 H의 화합물이 많이 생성되는 큰 이유지.」

「과연… 그렇군요.」

「이렇게 종이 위에 평면적으로 그리면 이해하기 힘들겠지. 성수야, 어때 모형을 만들어 관찰해 보렴.」

「네. 집에 가서 해 보겠어요.」

3. 프로판가스의 동족체 - 메탄계 탄화수소(알칸)

「자, 그럼 다시 한번 메탄의 분자를 나타낸 〈그림 Ⅲ-3〉 ③을 보자. 중심에 탄소원자가 있고 4개의 결합수가 공간으로 평등하게 뻗어 있는데, 그 끝에 수소원자가 1개씩 결합해 있지. 마치 주사위 모양의 중심에 탄소원자핵이 있고, 4개의 꼭짓점에 수소원자가 결합된 모양을 하고 있는 거야.

이 메탄이 탄소와 수소의 화합물 중에서 가장 간단한 모양이고, 가장 간단한 유기화합물이란다. 이 메탄분자를 좀 다른 관점에서 설명하면, 〈그림 Ⅲ-4〉 ①, ②와 같이 주사위 모양의 중심에 탄소원자가 있고, 인접해 있지 않은 3개의 모서리에 수소원자가 있는 거야. 그림 ③이건 ④이건 간에 알기 쉬운 방법으로 생각해 보렴. 그러나 보통 종이 위에 그릴 때는 일일이 이렇게 입체적으로 그린다는 건 매우 힘든 일이야. 그래서

```
    H
    |
H - C - H
    |
    H
```

로 적는 거지. 이런 화학식을 구조식(構造式)[04]이라고 부르는 거야.

메탄은 가장 간단한 유기화합물이므로, 유기물이 분해되는 곳에서는 어디서나 발생하는 거야. 예를 들면 시궁창이나 늪 등의 바닥의 진흙탕을 휘저으면 부글부글 거품이 일어나잖아. 그 거품이 메탄이야. 그래서 이걸 소기(沼氣)라고도 부르지. 너희 배 속에서 유기물이 분해될 때도 메탄이 나오니까, 엉덩이에서 나오는 가스 속에도 들어 있는 거야. 하지만 메탄은 색깔도 없고, 냄새도 없으므로 결코 노랗거나 냄새가 나지는 않아. 냄새가 나는 건 다른 성분 때문인 거야.

수세식 화장실에서는 그런 일이 없지만, 재래식 변소에서는 기온이 높은 여름철에는 우리 몸에서 나온 유기물이 분해되어 메탄이 고이는 경우가 있단다. 이런 경우에 무심히 담배를 피웠다가 메탄이 폭발해서 엉덩이

04 원자가를 나타내는 선을 결합수라 부르고, 분자를 이루고 있는 원자의 결합상태를 결합수를 사용해서 나타낸 화학식을 구조식이라고 한다.

에 화상을 입었다는 웃지 못할 이야기도 있단다.」

「하하하.」

「설마 그럴 리가….」

「아니, 설마가 사람 잡는다는 말도 모르니? 실제로 있었던 이야기야. 탄광 속에서 폭발사고를 일으키는 것도 탄층에서 나오는 메탄이거든. 석탄의 탄진이 공기 속에 어느 농도 이상으로 섞여 있을 때 어떤 불꽃이 튕겨서 폭발하는 거야. 석탄을 건류해서 나오는 석탄가스 속에도 메탄이 많이 들어 있지. 그러므로 가정으로 공급되는 도시가스의 주성분이 되기도 하는 거야. 천연가스의 주성분도 메탄이고. 이것만으로도 알 수 있을 거야. 유기물이 분해되는 데는 반드시 메탄이 있다는 이야기야. 메탄을 완전히 연소하면 물과 이산화탄소가 되는 거다.

$$CH_4+2O_2 \rightarrow CO_2+2H_2O$$

메탄은 안정된 물질로서 화학반응을 쉽게 일으키지는 않지만, 염소와 같은 격렬한 성질의 물질과는 반응하는 거란다.

자외선

$$CH_4+Cl_2 \rightarrow CH_3Cl+HCl$$
$$CH_3Cl+Cl_2 \rightarrow CH_2Cl_2+HCl$$
$$CH_2Cl_2+Cl_2 \rightarrow CHCl_3+HCl$$
$$CHCl_3+Cl_2 \rightarrow CCl_4+HCl$$

이처럼 수소가 차례로 염소로써 **치환**(置換)되는 거야.」

「이때 생성된 물질의 이름은요?」

「응, 유기화합물의 명명법에 대해서도 이야기할 참이었지. 어쨌든 예로부터 부르고 있는 관용명(慣用名)과 새로 통일된 명명법 두 가지가 있다는 걸 우선 알아두자.

	관용명	새명명법
CH_3Cl	염화메틸	모노클로로메탄
CH_2Cl_2	염화메틸렌	디클로로메탄
$CHCl_3$	클로로포름	트리클로로메탄
CCl_4	사염화탄소	테트라클로로메탄」

「클로로포름은 개구리를 해부할 때 마취약으로 썼던 걸로 기억하는데…….」

「그래, 그거야. 사염화탄소는 살충제로도 쓰이지. 이것들은 모두 방향(芳香)이 있는 액체인데 용제로 쓰인단다. 사염화탄소만 수소가 없고 타질 않아. 그 밖의 세 가지는 불에 타는 거야.

천연가스 속의 메탄은 공업적으로 메틸알코올이나 포르말린의 제조원료로 되어 있지.

그럼 두 번째로 간단한 탄화수소인 에탄을 알아보기로 할까. 〈그림 Ⅲ-4〉 ③을 봐요. 탄소원자 2개, 수소원자 6개가 결합되어 있잖니. 그다음

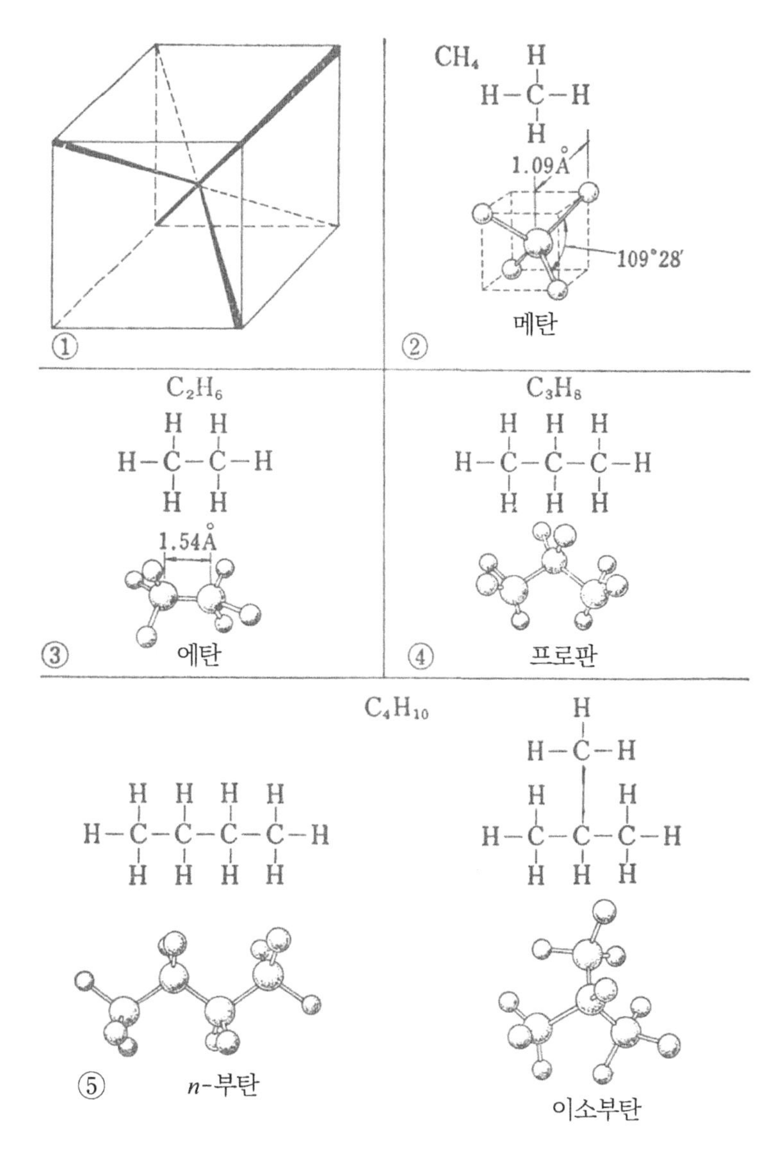

그림 Ⅲ-4 | 메탄, 에탄, 프로판, 부탄

이 너희 집에서도 쓰고 있는 프로판이야. 집에서 사용하는 프로판가스[05]에는 프로판 이외에 약간의 다른 기체도 들어 있지만 주성분은 프로판이야. 분자식은 그림의 ④와 같이 C_3H_8이고….

그다음의 탄소원자 4개, 수소원자 10개의 탄화수소는 부탄이라는 거야. 분자식은 C_4H_{10}이야. 그런데 구조식을 적어보면 두 가지가 있다는 걸 알 수 있지. 탄소원자가 하나의 사슬처럼 연결되어 있는 걸 노말부탄, 가지가 달린 걸 이소부탄이라고 부른단다.」

「어느 것이든 다 부탄이군요.」

「그렇지. 그러나 그 성질은 다른 물질이야. 노말부탄은 끓는점이 -0.5℃이고, 이소부탄은 끓는점이 −11.7℃이듯이, 그 성질이 다르단다. 이처럼 분자식은 같으나 구조식이 다른 물질을 서로 **이성질체**(異性質體)라고 한단다.」

「하하하. 신체의 구조가 다르니까 이성질체라….」

「허튼 소리 마! 성수야. 그런데 프로판에는 이성질체가 없는 거예요?」

「그건 구조식을 생각해 보려무나.」

「어…. 가지가 나와 있는 거죠. 그렇다면….

---

05 프로판가스라고 부르는 것은 잘못된 것으로 프로판, 프로필렌, 부탄, 부틸렌 등을 액화해서 봄베에 넣어서 연료로 쓰이는데, 이것이 우리 가정에서 흔히 쓰이는 액화 석유가스(LPG, Liquefied Petroleum Gas)이다.

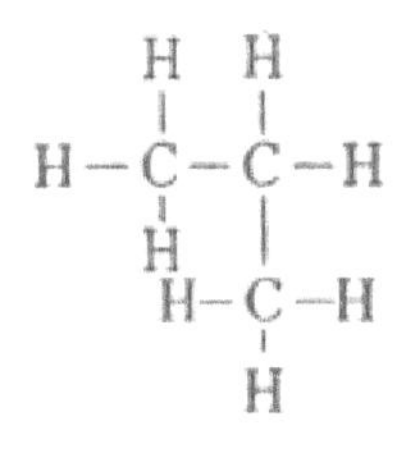

이런 건 이소부탄이라고는 못하나요?」

「글쎄다. 평면으로 적으면 정말로 가지가 있는 것 같지. 하지만 그림 ④의 모형도를 잘 살펴봐. 한가운데에 있는 탄소의 어느 결합수에 세 번째 탄소원자를 연결해도, 분자의 방향이 다를 뿐 결국은 같은 게 아니니?」

「음…. 정말 그렇군요.」

「그렇다면 탄소원자가 4개 이상이 되면 이성질체가 2개 있다는 거예요?」

「아니야, 아니지. 2개라고 한정되는 건 아니야. 탄소원자의 수가 많아짐에 따라서 이성질체의 수도 많아지는 거야. C_5H_{12}인 펜탄에는 3개의 이성질체, C_6H_{14}인 헥산에서는 5개의 이성질체로 불어나고, $C_{10}H_{22}$의 데칸에 이르러서는 75개나 되는 거다.」

「75개나요!」

「아직 놀랄 건 없어. $C_{20}H_{42}$의 아이코산에는 무려 366,319개의 이성질체가 있는걸.」

「우와! 36만 개라고요?」

「그러니까 유기화합물은 성분원소가 적더라도 화합물의 수가 많다는 걸 알 수 있겠지.」

「자, 그러면 펜탄의 세 가지 이성질체의 구조식을 여기에다 적어보렴. 탄소의 골격만이라도 좋으니까.」

이렇게 두 사람은 한참 동안 노트에다 적기 시작했는데, 갑자기 수진이가 큰 발견이라도 한 듯이 소리를 질렀다.

「앗! 이것 봐요. 셋만 있는 게 아니에요.」

「어디 보자. 음…. 유감스럽게도

```
  |
 -C-                        |   |   |   |
  |   |   |               -C - C - C - C-
 -C - C - C-      와        |   |   |   |
  |   |   |                    -C-
 -C-                            |
  |
```

는 같은 것이야.」

「네? 어째서요? …… 아! 그랬구나.」

두 사람은 가까스로 다음과 같은 결론에 도달했다.

```
      |
     -C-
  |   |   |
 -C - C - C-            네오펜탄
  |   |   |
     -C-
      |

  |   |   |   |   |
 -C - C - C - C - C-    노르말펜탄
  |   |   |   |   |

  |   |   |   |
 -C - C - C - C-        이소펜탄
  |   |   |   |
     -C-
      |
```

그러자 또 수진이가 큰소리를 질렀다.

「이거 봐! 이소프렌은 탄소원자수가 5개로서, 이 펜탄의 동족체잖아? 그런데 왜 C_5H_8인 거야? C_5H_{12}일 텐데!」

「응, 수진이가 그렇게 생각하는 건 무리가 아냐. 분명히 펜탄이나 이소프렌도 탄소의 원자 수는 같은 5개지. 하지만 수소원자 수는 다르단 말이야.」

「그럼 어떻게 결합하죠?」

「이소프렌의 구조식은 나중에 설명할게. 우선은 지금의 펜탄의 동족체를 정리하기로 하자. 자, 지금까지 나온 메탄, 에탄, 프로판, 펜탄의 분자식을 잘 살펴보자. C원자의 수를 n이라고 하면 수소원자의 수는 $(2n+2)$ 잖아. 즉 분자식을 일반식으로 적으면 C_nH_{2n+2}가 되겠지.」

「아, 맞아요.」

「구조식을 보면 알 수 있어. 1개의 탄소원자의 위아래에 2개씩 수소원자가 있고, 그리고 사슬의 양단에 2개의 수소원자가 있다. 즉 수소원자는 $(2n+2)$이지.」

「네, 맞아요.」

「이런 동족체를 **알칸** 또는 **메탄계 탄화수소, 파라핀계 탄화수소, 포화탄화수소**라고 부르는 거야. 메탄은 대표적인 제일 작은 화합물이지. 이 〈표 Ⅲ-1〉을 보자.

명칭	분자식	녹는점(℃)	끓는점(℃)	상온의 상태
메탄	CH_4	-182.7	-161.6	기체
에탄	C_2H_6	-172	-88.5	
프로판	C_3H_8	-187.7	-42.1	
부탄	C_4H_{10}	-135	-0.5	
펜탄	C_5H_{12}	-129.7	36.1	액체
헥산	C_6H_{14}	-95.3	68.8	
헵탄	C_7H_{16}	-90.6	98.4	
옥탄	C_8H_{18}	-57	125.7	
노난	C_9H_{20}	-53.5	150.8	
데칸	$C_{10}H_{22}$	-29.7	174	
⋮	⋮	⋮	⋮	
펜타데칸	$C_{15}H_{32}$	9.9	270.6	
헥사데칸	$C_{16}H_{34}$	18.1	286.8	
헵타데칸	$C_{17}H_{36}$	21.98	303	고체
옥타데칸	$C_{18}H_{38}$	28	317	
⋮	⋮	⋮	⋮	

(부탄 이하는 모두 곧은 사슬 모양의 화합물에 대한 값)

표 Ⅲ-1| 메탄계 탄화수소C_nH_{2n+2}

메탄에서 부탄까지는 상온·상압에서 기체이지만, 펜탄부터는 액체, 그리고 C_{17}부터는 고체인 거야. 액체상태의 물질은 석유의 성분으로서 들어가 있지만 고체성분도 석유에서 얻어지거든. 파라핀 왁스가 그거야. 그러니까 큰 쪽의 이름을 취하면 파라핀계라고 하는 거지.

그리고 다음 그룹을 살펴보면 잘 알겠지만 탄소의 원자가가 이웃 탄소 1개의 결합수로 연결되어 있고, 다른 건 모두 수소와 결합해 있잖니. 그래서 **포화탄화수소**라고 하는 거야.」

「흠……. 아무래도 이해가 잘 안 되는 걸요.」

「그래? 그렇다면 다음 그룹부터 먼저 생각해 보기로 하자. 그러면 쉽게 알 수 있을 거야.」

4. 폴리에틸렌의 원료는 기체 – 에틸렌계 탄화수소(알켄)

「에틸렌은 탄소원자 2개가 있는 탄화수소이므로 에탄과 비교하면 좋을 거야. 그런데 에탄의 분자식은 C_2H_6인데 반해 에틸렌의 분자식은 C_2H_4이거든. 즉 에탄보다 수소원자 2개가 적은 거다. 탄소원자의 2개는 이렇게 연결되는 거야.

```
  |   |
– C – C –
  |   |
```

이런 방법으로밖에 결합할 수 없다고 한다면, 탄소의 결합수를 늘리지 않게 하기 위해서 수소는 6원자가 필요한 셈이야. 이것이 모두 결합하면 에탄이 되는 거지. 즉 수소가 모두 채워져서 포화상태가 된 거야. 그런데

에틸렌은 수소 2원자가 부족하거든. 즉 불포화로 되어 있는 거다. 그래서 어쩔 수 없이

$$\begin{array}{ccccccc} & & H & & H & & \\ & & | & & | & & \\ H & - & C & = & C & - & H \end{array}$$

와 같이, 탄소와 탄소 사이의 결합수가 이중으로 되는 거야. 이런 결합을 **이중결합**(二重結合)이라고 한단다.」

「실제로 공간에 평등하게 뻗어 있는 4개의 결합수 중, 2개가 나란히 배열되는 결합이 있군요.」

「있지. 무리하게 결합해 있으니까 인간에게는 도리어 편리한 점도 있어. 말하자면 다른 것과 반응하기 쉽기 때문이야.」

「불포화 쪽이 반응하기 쉽다니, 어쩌면 인간과 같군요. 인간도 공복일 때가 식욕이 왕성하잖아요.」

「하하하. 욕구불만이 있으면 공격성이 발휘된다는 심리학설이 있으니까 말이야. 하지만 탄화수소의 이중결합은 인간처럼 변덕스럽지가 않아서 항상 같은 반응 양식을 취하는 거란다. 예를 들어 브롬을 물에 녹인 묽은 황색브롬수에 에틸렌을 넣으면, 색깔이 없어지거든. 이건 브롬이 에틸렌과 반응해서 디브로모에탄이 생기기 때문이야.

$$\begin{array}{ccccccc} & & H & & H & & \\ & & | & & | & & \\ H & - & C & = & C & - & H \end{array} + Br_2 \longrightarrow \begin{array}{ccccccc} & & H & & H & & \\ & & | & & | & & \\ H & - & C & - & C & - & H \\ & & | & & | & & \\ & & Br & & Br & & \end{array}$$

디브로모에탄

노랑 색깔은 브롬분자(Br_2)의 색인 거야.」

「어머, 좀 이상해요.」

「왜?」

「에틸렌에 브롬이 결합되었는데도, 어째서 디브로모에틸렌이라고 하지 않고 디브로모에탄이라고 하는 거예요?」

「그렇군. 이유 있는 의문이야. 그럼 이것부터 먼저 생각해 볼까. 에탄에 브롬을 작용시키는 거야. 그러면

$$\begin{array}{ccccccc} & & H & & H & & \\ & & | & & | & & \\ H & - & C & - & C & - & H \\ & & | & & | & & \\ & & H & & H & & \end{array} + Br_2 \longrightarrow \begin{array}{ccccccc} & & H & & H & & \\ & & | & & | & & \\ H & - & C & - & C & - & H \\ & & | & & | & & \\ & & H & & Br & & \end{array} + HBr$$

반응이 더 진행되면

$$\begin{array}{ccccccc} & & H & & H & & \\ & & | & & | & & \\ H & - & C & - & C & - & H \\ & & | & & | & & \\ & & H & & Br & & \end{array} + Br_2 \longrightarrow \begin{array}{ccccccc} & & H & & H & & \\ & & | & & | & & \\ H & - & C & - & C & - & H \\ & & | & & | & & \\ & & Br & & Br & & \end{array} + HBr$$

와 같이 되어, 디브로모에탄이 생기는 거야. 이건 에틸렌으로부터 생성되는 것과 같은 물질인 거야. 그러므로 이럴 때는 포화탄화수소 쪽을 주로 해서, 디브로모에탄이라고 부르기로 약속되어 있는 것이지. 하기는 이브롬화 에틸렌이라는 관용명이 있기는 해.」

「네? 그렇다면 이브롬화 에틸렌과 디브로모에탄은 같은 거예요?」

「그렇단다.」

「브롬은 원소명이죠. 그러면 디브롬의 '디'라는 건 '2'를 말하는 거

예요?」

「그렇지. 앞에서 설명한 디클로로메탄(→ P. 70) 등에서도 쓴 것처럼, 화학에서 화합물명에 쓰이는 수는 그리스어에서 유래한 다음과 같은 걸 사용한단다.

1	→ 모노	mono	6	→ 헥사	hexa
2	→ 디	di	7	→ 헵타	hepta
3	→ 트리	tri	8	→ 옥타	octa
4	→ 테트라	tetra	9	→ 노나	nona
5	→ 펜타	penta	10	→ 데카	deca

이런 단어는 영어에서도 비교적 많이 사용되고 있단다. 예를 들면 모노레일, 트라이앵글, 테트라포드, 펜타곤, 옥타브[06] 등 말이야.」

「정말 그렇군요.」

「자, 그런데 너희가 기억해 둘 건, 다음과 같은 브롬과 반응해서 같은 디브로모에탄을 생성하는 것인데, 에탄과 에틸렌에서는 반응이 다르거든. 다시 한번 적어 볼까.

```
    H  H                        H  H
    |  |                        |  |
H - C - C - H + Br₂  ───→   H - C - C - H + HBr
    |  |                        |  |
    H  H                        H  Br
                               브로모에탄
    H  H                        H  H
    |  |                        |  |
H - C = C - H + Br₂  ───→   H - C - C - H
                                |  |
                                Br Br
                              디브로모에탄
```
」

06 모노레일(monorail)은 궤도가 하나인 전차, 기차 등에 쓰이고 트라이앵글(triangle)은 각이 3개이므로 삼각형, 테트라포드(tetrapod)는 네 다리가 있는 콘크리트 블록, 또는 네발짐승, 펜타곤(pentagon)은 5각형 건물인 미국 국방성, 옥타브(octave)는 음계가 8음계이므로 8에서 유래했다.

「아. 에탄은 HBr이라는 게 따로 생성되는군요.」

「그렇지. 포화탄화수소의 경우는, H와 Br이 치환되고, 이때 빠져나간 H와 다른 Br이 결합해서 HBr(브롬화수소)를 만드는 거야. 이런 반응을 **치환반응**(置換反應)이라고 한단다. 메탄에서도 다루었었지. 그리고 에틸렌 쪽은 이중결합 중 1개의 결합수가 열려서 거기에 2개의 Br이 결합해 있잖니. 따로 생성되는 물질은 없지. 이런 반응은 **첨가반응**(添加反應)이라고 하는 거다.」

「어느 쪽 반응이 일어나기 쉬워요?」

「수진아, 그야 두말할 나위도 없이 첨가반응일 거야. 말하자면 불포화 상태로 있는 굶주린 사람에게 무엇을 가져가면 금방 반응하겠지. 하지만 포화상태에 있는 사람이 가진 걸 바꾸려면 힘이 들 거란 말이야.」

「하지만 필요 없는 걸 갖고 있는데 필요한 걸 준다면 좋다고 교환하지 않을까.」

「그만, 그만. 둘 다 너무 화합물과 인간을 마찬가지로 생각하지는 말자. 그러나 분명히 일반적으로는 불포화 화합물 쪽이 반응하기가 쉽긴 해. 브롬수에 에탄을 넣어도 변화를 일으키지 않지만, 에틸렌은 금방 탈색하거든.」

「에헴!」

「뻐기지 마! 네 콧구멍이야 처음부터 천장을 쳐다보고 있는 걸. 그보다 브로모에탄에 두 번째로 Br_2를 작용시켰을 때

$$\begin{array}{ccccccc} & & H & & H & & \\ & & | & & | & & \\ H & - & C & - & C & - & H \\ & & | & & | & & \\ & & H & & Br & & \end{array} + Br_2 \longrightarrow \begin{array}{ccccccc} & & H & & H & & \\ & & | & & | & & \\ H & - & C & - & C & - & Br \\ & & | & & | & & \\ & & H & & Br & & \end{array} + HBr$$

이라는 치환반응이 일어나서, 다른 형태의 디브로모에탄으로는 안 되는 거예요?」

「참 좋은 점에 착안했구나. 이쪽은 디브로모에탄이라기보다는 브롬화에틸리덴이라는 관용명이 있단다.

보통은 이게 생기지 않는 건 Br과 Br이 반발해서 같은 C에는 결합하기 어렵다고 생각하면 될 거야. 반응의 조건에 따라서는 생기기도 하겠지만….」

「그것과 관련한 질문이 있어요. 그보다 하나 앞의 에틸렌에 브롬을 작용시켰을 때는

$$\begin{array}{ccccccc} & & H & & H & & \\ & & | & & | & & \\ H & - & C & = & C & - & H \end{array} + Br_2 \longrightarrow \begin{array}{ccccccc} & & H & & H & & \\ & & | & & | & & \\ H & - & C & - & C & - & H \\ & & | & & | & & \\ & & Br & & Br & & \end{array}$$

이라는 첨가반응이 일어나서 디브로모에탄이 생긴다고 말했죠.」

「응, 그랬지.」

「그보다도

$$\begin{array}{ccccccc} & & H & & H & & \\ & & | & & | & & \\ H & - & C & = & C & - & H \end{array} + 2Br_2 \longrightarrow \begin{array}{ccccc} & & H & & \\ & & | & & \\ H & - & C & - & Br \\ & & | & & \\ & & Br & & \end{array} + \begin{array}{ccccc} & & H & & \\ & & | & & \\ H & - & C & - & Br \\ & & | & & \\ & & Br & & \end{array}$$

와 같이 디브로모에탄이 생성되는 게 아니에요?」

「음. 성수는 왜 그렇게 생각하지?」

「에틸렌의 분자모형은 아직 적어주지 않았지만 에탄으로부터 수소원자 2개가 떨어지고 그 원자가가 결합했다고 하면 이런 형태일 거라고 생각하면 되지 않겠어요?(〈그림 Ⅲ-5〉 ①)」

「응, 그렇겠지.」

「이 에틸렌분자에 Br_2의 분자가 충돌해서 반응하는 거겠죠. 그러면 이렇게(〈그림 Ⅲ-5〉 ②ⓐ) 에틸렌분자와 Br_2 분자가 평행으로 충돌하면 이중결합의 결합수 하나가 끊어지고 거기에 Br이 1개씩 결합해서 디브로모에탄이 되겠지만 만약 그림 ⓑ와 같이 직각으로 충돌하면 이중결합이 한꺼번에 끊겨서 디브로모메탄과 비게된 결합수의 파편이 생기는 거 아니에요? 그리고 그 파편은 다른 Br_2와 만나서 디브로모메탄이 된다. 즉

$$H-\overset{H}{\overset{|}{C}}=\overset{H}{\overset{|}{C}}-H + 2Br_2 \longrightarrow H-\overset{H}{\overset{|}{\underset{Br}{\underset{|}{C}}}}-Br + H-\overset{H}{\overset{|}{\underset{Br}{\underset{|}{C}}}}-Br$$

이 되는 거예요.」

「과연… 하지만 성수의 말 같으면, 디브로모에탄과 디브로모메탄이 거의 1:2의 비율이 될 것 같군 그래.」

「네.」

「그런데 그게 아니야. 하지만 썩 중요한 점에 착안했어. 그렇다면 그 이야기를 먼저 하기로 하자.」

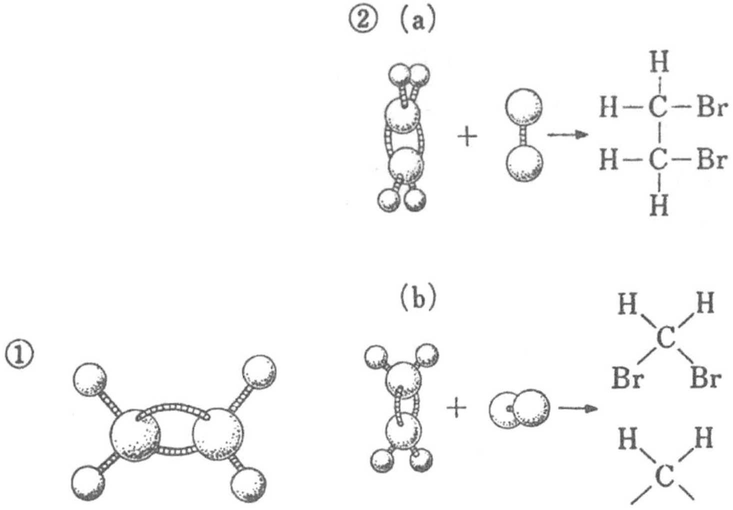

② (a)

$$\mathrm{H-\overset{\overset{\displaystyle H}{|}}{C}-Br},\quad \mathrm{H-\underset{\underset{\displaystyle H}{|}}{C}-Br}$$

(b)

①

그림 Ⅲ-5 | 에틸렌과 디브로모에탄

5. 이중결합의 두 개의 결합수는 같은 것이 아니다

「성수는 에틸렌과 브롬의 반응을 충돌하는 분자의 방향이라는 관점에서 생각하려고 했지. 매우 재미있는 생각이야. 그런데 성수야, 이런 관점은 어떨까? 에틸렌의 이중결합은 말이야, 네가 적은 모형도에서나 또 흔히 교과서에 있는

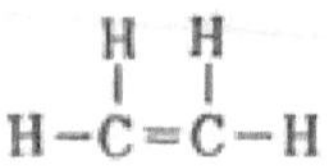

$$\begin{array}{cccc} & \mathrm{H} & \mathrm{H} & \\ & | & | & \\ \mathrm{H-} & \mathrm{C} & \mathrm{=C} & \mathrm{-H} \end{array}$$

이런 식에서도 두 개를 마찬가지로 적고 있잖니. 즉 둘 사이에는 아무 차이가 없는 듯이 말이야. 만약에 둘에 차이가 없다고 한다면 거기에 Br_2 분자가 충돌했을 때, 두 개가 한꺼번에 탁 끊어져 버리고 디브로모메탄이 되어버릴 가능성이 있는 거야. 그런데 만약 하나가 강하고 하나가 약하다면 어떻게 될까? 한쪽 결합이 먼저 끊어져서 디브로모에탄이 되지 않겠니?」

「어, 어, 그럴 리가… 두 개의 결합에 강하고 약한 차가 있다니, 그렇게 생각할 수 없잖아요. 어느 것이나 다 2개의 전자를 공유하고 있는 공유결합이잖아요. 차이가 있을 리가 없어요.」

「글쎄다. 그러면 이런 걸 생각해 볼까? 너희들은 동소체(同素體)라는 걸 배웠을 거야. 다이아몬드와 흑연(그래파이트)은 동소체라는 걸.」

「네, 어느 것도 탄소로써 되어 있어요.」

「동소체라는 건 성분원소는 같지만 성질이 서로 다른 단체(單體)예요.」

「그래, 그렇지. 다이아몬드나 흑연도 탄소원자의 집합이라는 점에서는 같은 거야. 그러므로 다이아몬드로부터 탄소원자 한 알갱이를 취하고 흑연에서도 탄소원자 한 알갱이를 취해서 비교해 보면 이건 똑같아서 전혀 구별이 안 돼. 그런데 눈에 보이는 상태에서는 크게 다르거든. 다이아몬드는 무색투명하고 반짝반짝 빛나며, 가장 단단한 물질로 전기도 통하지 않아. 그런데 흑연은 흑회색인데다 불투명하고 부드러우며 전기가 잘 통하는 거야. 성질이 너무나 다르기 때문에 옛날에는 전혀 관계가 없는 물질이라 생각했단다. 다이아몬드도 공기 속에서 세게 가열하면 타서 이산화탄소가 된다는 걸 증명한 사람이 근대화학의 아버지로 불리는 라부아지에[07]였어. 하기는 이 무렵에는 이산화탄소라고 부르지도 않았고 고정 공기니 뭐니 하고 부르고 있었던 모양이야. 지금으로부터 250여 년 전인 1772년의 일이었다.

자, 이렇게 같은 탄소원자로 이루어져 있는데도 단체로서의 성질이 크게 다르다는 건 원자의 책임이 아니라 원자가 결합하는 방식이랄까, 배열방식의 책임이라는 걸 생각할 수 있을 거야. 그 결합방식을 살펴보면 다이아몬드의 경우는 메탄과 마찬가지로 1개의 C원자로부터 나오는 4개의 결합수가 공간에 평등하게 뻗어서 이웃의 C원자와 결합해 있는 거야(〈그림 Ⅲ-6〉 왼쪽).

이에 대해 흑연은 C원자가 6각의 그물코 모양으로 연결된 평판, 즉 넓은 널빤지 같은 모양으로 포개져 있는 구조를 이루고 있는 거다(〈그림 Ⅲ-6〉 오른쪽).」

「평판과 평판 사이의 점선은 무엇이지요?」

「그게 문제인 거야. 잘 살펴봐. 평판 속에서 1개의 C원자는 3개의 원자가로써 이웃의 C원자와 결합해 있잖니.」

「그렇다면 원자가가 3이라는 거군요」

「그렇지. 네 번째는 아래위의 평판과 결합해 있어. 그걸 나타낸 게 점선[08]이란다.」

---

07 라부아지에(A. L. Lavoisier, 1743~1794), 프랑스의 화학자. 화합물의 명명법을 고안했으며, 화학반응식을 생각해내고, 질량 보존의 법칙을 발견했다. 특히 연소설을 제창하여 화학 발전에 크게 기여했다.

08 흑연에서는 탄소원자를 결합하고 남은 여분의 전자가 탄소원자마다 1개씩 있는데, 이 여분의 전자 1개는

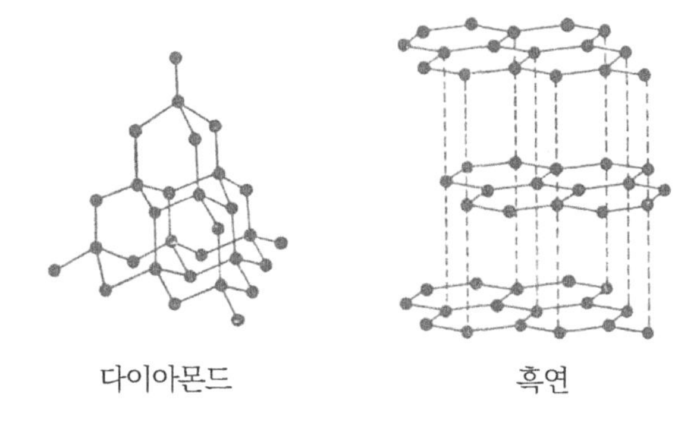

그림 Ⅲ-6 | 다이아몬드와 흑연의 차이

「그럼, 공간에 평등하게 나와 있는 4개의 원자가라는 건 거짓말이에요?」

「흑연에서는 거짓말이지.」

「그렇다면 앞에서 나왔던 C원자의 전자배치는 잘못된 거예요?」

「잘못된 건 아니지만, 다른 형태가 있다는 거야.」

「…… ?」

「자 그림, 그걸 알아볼까? 이게 에틸렌의 이중결합 성질을 밝혀주는 거란다.

〈그림 Ⅲ-7〉을 보자. ①이 C원자의 전자배치 모형이었지. $1S$껍질에 2개, $2S$껍질에 2개, $2P_x$ 와 $2P_y$ 껍질에 전자가 1개씩 있거든. 그게 ②와 같

마치 탄소원자로 된 평면을 서로 연결하는 아교와 같은 역할을 한다. 따라서 흑연은 외부의 약한 충격으로도 이 평면들이 쉽게 미끄러지므로 좋은 연마재로 쓰이며 부스러지기 쉽다.

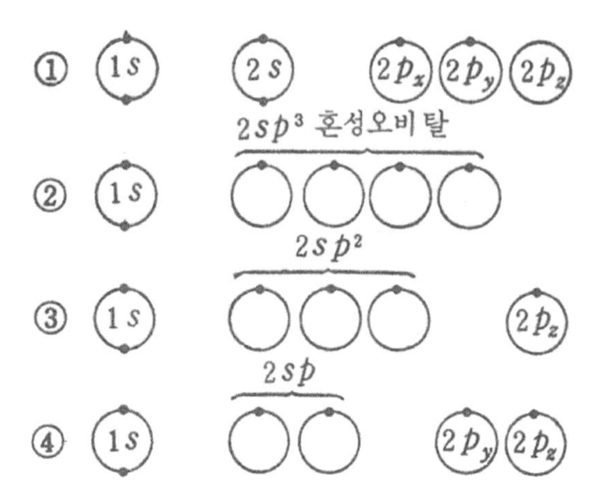

그림 Ⅲ-7 | 탄소원자의 여러 가지 전자배치

이 $2S$와 $2P$의 혼성껍질(혼성궤도함수; 오비탈)을 이루어 네 방향으로 평등하게 뻗은 결합수가 되는 거다. 이게 메탄이나 다이아몬드 속의 탄소의 결합수의 모습인 거지.」

「네. 그것까지는 전에 배웠어요.」

「자, 그럼 흑연의 경우를 알아보자. 3개의 원자가가 평면 위에 있고 다른 1개는 평면과 수직 방향으로 뻗어 있으니까, 3개는 같고 1개는 다른 걸로 되어 있을 거라고 생각할 수 있을 거야. 이것에 관해서 학자들이 실험하고 계산한 결과, $2S$와 $2P_x$, $2P_y$의 셋이 혼성되고, P_z가 따로 되어 있다는 걸 알았던 거야. 즉 이 그림의 ③과 같은 전자배치인 거야.」

「처음엔 $2S$가 다른 것이었는데 이번에는 P_z가 다르게 되었군요.」

「그래, 그렇지. 그러므로 이 상태를 모형화해서 적으면 〈그림 Ⅲ-8〉 ①과 같이 되는 거다. 앞의 〈그림 Ⅲ-2〉 ⑧과 비교해 보렴. 앞에서는 4개가 각각 다른 방향으로 나와 있지만 4개가 모두 동격인데, 이번에는 3개가 한 평면 위에서 동격이고, 1개가 그 평면의 아래위로 나와 있어 별격인 거야.」

「어쩐지 고무풍선이 붙어 있는 것 같아 이상해요. 어느 거나 전자는 1개일 테지요. 어째서 크기가 다르죠?」

「이 고무풍선의 공간 속에서 전자가 움직이고 있다고 생각해 보렴. P_z의 전자는 아래위로 넓게 운동하고 있다는 걸 가리키는 모형이야.

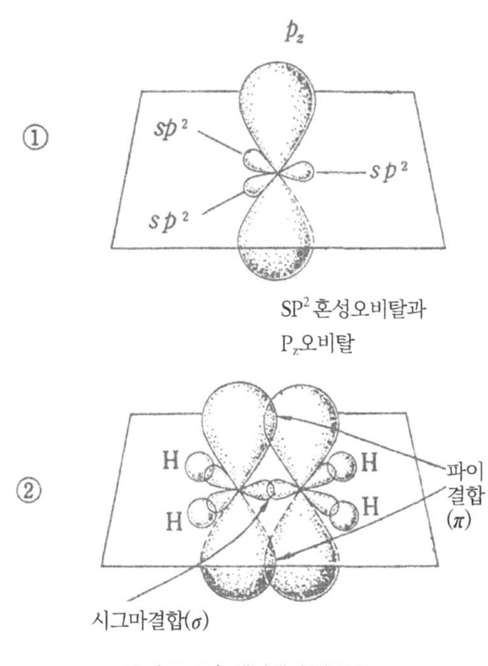

그림 Ⅲ-8 | 에틸렌의 이중구조

자, 알겠니. 이런 전자배치로 2개의 C원자가 결합된 게 에틸렌이라고 생각하자. 아니 그보다는 에탄에서 수소원자 2개를 빼내면 이런 꼴이 된다고 하는 게 좋겠지. 이 모형도가 〈그림 Ⅲ-8〉 ②야. 즉 이중결합 중의 1개는 $2SP^2$ 혼성오비탈(궤도)로 결합하고, 다른 1개는 $2P_z$와 결합하고 있는 거다.」

「그건 곧 에틸렌의 이중결합은, 똑같은 2개가 아니다. 따라서 Br_2와 반응할 때, 디브로모메탄으로는 되지 않는다는 거군요.」

「그래, 그렇단다.」

「음…. 생각할 수 없는 일이라고 믿었던 게 사실이 되어 버리다니….」

「그래서 이 $2SP^2$에 의한 결합을 시그마(σ)결합, $2P_z$에 의한 결합을 파이(π)결합이라고 하는 거다.」

「그렇다면 이중결합은 시그마결합과 파이결합이 각각 1개씩이라는 말이군요.」

「그렇지.」

「그럼 에틸렌의 구조식은

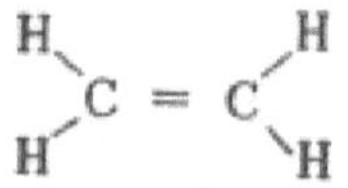

```
H         H                       H  .---.  H
 \       /                         \/     \/
  C  =  C       로는 좋지 않고       C  —  C
 /       \                         /\     /\
H         H                       H  '---'  H
```

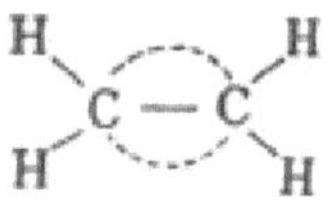

이런 식으로 적어야 하는 셈이군요.」

「정확하게 말하면 그렇겠지. 그래서 말이야, 조금 전으로 되돌아가서 흑연 말인데, 평판 속 6각의 그물코 결합은 시그마결합이고, 아래위 평판

과의 결합은 파이결합이란 걸 알 수 있었을 거야. 파이결합이 한 평판 전부에 연결되어 있으므로, 즉 전자가 평판 속을 계속해서 이동할 수 있으니까 흑연은 비금속이지만 전기가 잘 통하게 되는 거란다.」

「아, 그렇군요. 전기라고 하면 금속이고 비금속은 전기와는 관련이 없다고 생각했는데, 어떤 원소라도 원자 속에는 전자가 있으니까 그 전자가 이웃으로 흘러가느냐 마느냐에 따라서 전기적인 성질이 두드러지게 나타나는 셈이군요.」

「그래, 그런 거야. 파이결합을 이루고 있는 화합물은 이 밖에도 있지만 너무 벗어나지 말기로 하고 이쯤에서 에틸렌과 그 동족체에 대해서 정리해 보기로 하자.」

6. 에틸렌과 그 무리들의 화학

「에틸렌은 석유화학공업의 중간원료로서 석유로부터 많이 얻고 있단다. 하지만 이 이야기는 뒤로 미루기로 하고, 실험실의 이야기를 하기로 하자. 실험실에서 에틸렌을 만드는 데는 에틸알코올로부터 물분자를 빼내는 거다. 즉 탈수를 하는 거야. 진한 황산이나 탈수인산과 함께 가열하면 되는 거야. 이런 반응이지.

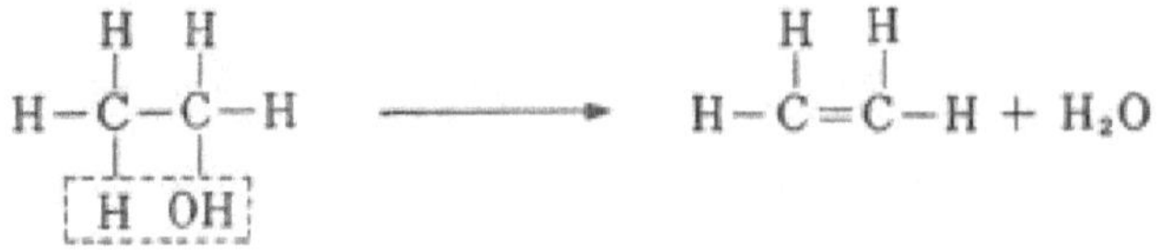

$$\begin{array}{ccccccc} & & H & & H & & \\ & & | & & | & & \\ H & - & C & - & C & - & H \\ & & | & & | & & \\ & & H & & OH & & \end{array} \longrightarrow \begin{array}{ccccccc} & & H & & H & & \\ & & | & & | & & \\ H & - & C & = & C & - & H \end{array} + H_2O$$

실험실에서 약간 다량으로 계속해서 만드는 데는 석영이나 철 파이프 속에 규조토나 알루미나(Al_2O_3)의 가루를 채우고 가열한 다음, 에틸알코올을 통하면 의외로 간단하게 만들 수 있단다.」

「에탄으로부터 수소를 빼내는 게 아니군요.」

「그래, 알코올로부터 얻는 편이 쉽기 때문이야. 그러나 구조식의 형태로 보면 에탄으로부터 H원자 2개를 빼냈다고 생각하는 게 좋을 거야. 그건 메탄계의 탄화수소로부터도 마찬가지로 H원자 2개가 빠져서 이중결합이 1개 있는 탄화수소의 계열을 생각할 수 있기 때문이야.

프로판(C_3H_8) → 프로필렌(C_3H_6)

부탄(C_4H_{10}) → 부틸렌(C_4H_8)

이런 식으로 말이다.」

「그럼 이런 계열도 메탄계와 같은 정도로 있는 셈이군요?」

「있다고 생각할 수 있겠지. 다만 생각할 수 있다고 하게 되면 실제로는 메탄계보다 더 많아질 거야. 이건 이성질체가 많기 때문이지. 예를 들면 노말부탄으로부터 생각되는 부텐을 생각해 보렴.

```
                              | |  |  |
  |  |  |  |          ↗     -C=C-C-C-
 -C-C-C-C-                   |  |  |  |
  |  |  |  |          ↘      |  |  |  |
                            -C-C=C-C-
                             |  |  |  |
```

처럼 이중결합의 위치가 다른 두 개의 부텐이 생길 거야.」

「아, 정말 그렇군요. 그럼 그건 어떻게 구별하죠?」

「응. 위의 건 1-부텐, 아래 건 2-부텐이라고 하는데, 이 명명법에 관해서는 나중에 이야기하기로 하자.

자, 에틸렌의 첨가반응 이야기를 하다가, 본론에서 많이 벗어났군. 다시 본론으로 돌아가자꾸나. 에틸렌에 Br_2를 작용하면 첨가반응으로 디브로모에탄이 생긴다는 데서 옆길로 빠져나갔구나.

그 디브로모에탄을

```
   H  H             H  Br               H  H
   |  |             |  |                |  |
H-C-C-H          H-C-C-H           Br-C-C-Br
   |  |             |  |                |  |
   Br Br            Br H                H  H
```

이렇게 적으면 이성질체처럼 보이지만, 이것들은 모두 같은 거라는 걸 알겠지. 즉 -C-C- 사이의 시그마결합은 자유로이 회전할 수 있기 때문에 양쪽의 C에 1개씩 Br이 결합되어 있다는 점에서는 같은 거야. 한쪽 C에 2개씩 결합되면 물론 이성질체이지만 말이야.

자, 그런데 말이다. 이중결합이 있으면 상황이 달라진단다. 즉 시그마

결합의 아래위에 파이결합이 있다는 거잖아. 이젠 -C=C-는 자유로이 회전할 수가 없어. 그러므로

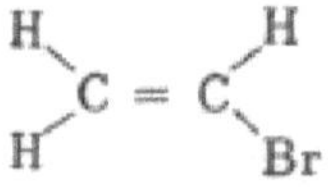

모노브로모에틸렌
(브롬화비닐)

은 한 종류지만 디브로모에틸렌이 되면 한 종류가 아니라 세 종류가 있는 거야.

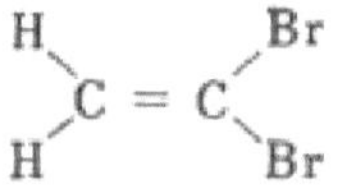

1-1 디므로모에틸렌
(브롬화비닐리덴)

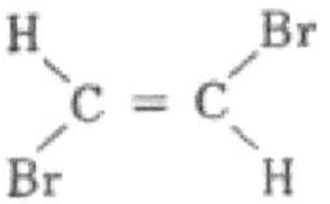

트렌스 1-2 디브로모에틸렌

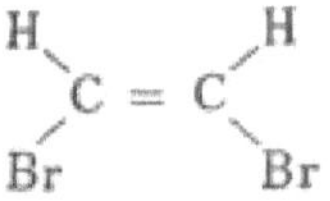

시스 1-2 디브로모에틸렌

이 된다는 거야.」

「아이고, 머리야. 복잡하군요.」

「결국은 에틸렌의 이중결합의 양쪽의 C에 결합해 있는 수소가 1개씩 다른 걸로 치환되었을 때는 2개의 이성질체가 있게 된다는 거다.

에탄의 단일결합인 경우는 C와 C 사이가 자유로이 회전할 수 있고, 위아래의 구별이 없어서 이성질체가 되진 않는단다.

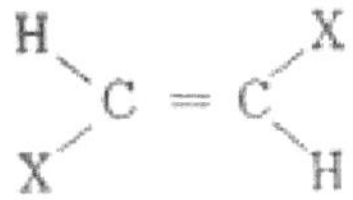

H　　　X
C = C　　트랜스형 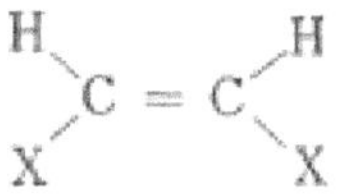
X　　　H

H　　　H
C = C　　시스형
X　　　X

이 있다는 거지. 이런 걸 **기하이성질체**(幾何異性質體)라고 하는 거다.」

「그러고 보니까 무거운 트렁크를 하나는 어깨 위에, 하나는 손에 들고 걸어가는 게 트랜스형이고, 양손에 들고 얌전하게 걸어가는 게 시스형이라고 생각하면 되겠네요.」

「아 그래. 성수는 정말 재미있는 기억법을 쓰는구나. 실제로 이 트랜스형, 시스형이라는 건 고무의 탄성을 설명하는 데 크게 관련이 있는 건데 이건 나중 일이고, 어쨌든 이렇게 보더라도 유기화합물에 이성질체가 많다는 걸 알 수 있었을 거야. 따라서 화합물의 수가 엄청나게 많은 이유도 알았을 거야.」

「네, 맞아요.」

「프로필렌이나 부틸렌의 경우는 어떻죠?」

「글쎄다. 이중결합의 양쪽 끝의 C를 중심으로 생각하면 같아지겠지. H 대신에 $-CH_3$이라든가 $-C_2H_5$가 결합해 있으니까.」

「아, 그렇군요…. 하지만 이중결합이 2개 있으면 어떻게 해요?」

「그렇게 되면 이미 에틸렌계가 아닌 거야. 에틸렌계라는 건 이중결합이 1개인 그룹이야.」

「하지만 2개가 있는 것도 있겠지요?」

트랜스형과 시스형

「있지. 하지만 다른 계열이야. 그런 차이를 나타내기 위해 일반식을 생각해 보기로 할까. 메탄계는 C_nH_{2n+2} 였지. 에틸렌계는 이것에서부터 H 원자가 2개 빠진 거니까 C_nH_{2n} 이 되는 거야.」

「그렇다면 이중결합이 2개 있는 계열은 C_nH_{2n-2} 군요.」

「그렇기는 하지만 그건 뒤로 돌리기로 하고, 일반식이 C_nH_{2n} 으로 나타내지지만 에틸렌계가 아닌 계열도 있으니까 그걸 먼저 알아보기로 하자.」

「와… 그런 것도 생각할 수 있는 거예요?」

7. 뱀이 제 꼬리를 삼킨 꼴의 화합물들 - 시클로파라핀계(나프텐계)

「에탄에서는 생각할 수 없어도 더 긴 분자에서는 빠져나가는 수소가 양쪽 끝일 경우가 있을 거란 말이야. 그리고 이중결합이 되지 않고 뱀이 자기 꼬리를 삼키듯이 동그랗게 고리처럼 연결된단다. 이런 식으로 말이야.」

삼촌은 이렇게 말하면서, 의외로 간단하게 다음과 같은 구조식을 적어 보였다.

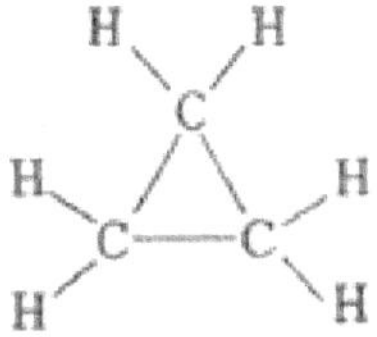

시클로프로판

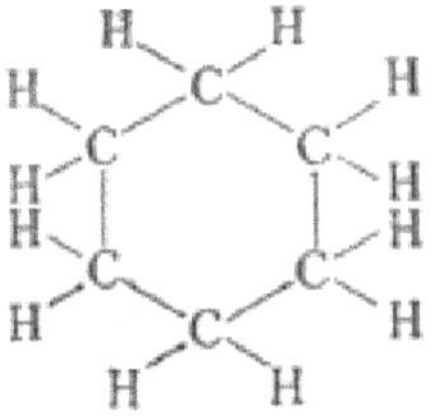

시클로헥산

「이런 재간도 부릴 수 있는 거예요?」

「시클로라는 건 자전거의 바이시클과 마찬가지로 바퀴라는 뜻이야.」

「이 무리도 메탄계 탄화수소와 마찬가지로 탄소의 수가 점점 불어나서 얼마든지 있는 거예요?」

「그럼, 있다마다. 그러나 각도의 관계나 고리가 큰 경우가 되면 불안정해서 보통은 메탄계만큼 많진 않아. 시클로헥산이 각도로 봐도 가장 안정한 건데, 이 각도 앞뒤 정도의 화합물이 있다고 생각하면 될 거야.」

「그런데 그 각도의 관계란 무엇이죠?」

「아, 그건 말이다. 처음에 말한 것처럼 탄소 4개의 결합수 각도가 109° 정도였지. 그러므로 평면에 정육각형으로 배열했다고 해도 정육각형의 내각은 120°이니까 109°에 가까운 거다. 따라서 6각일 때가 가장 안정하고 다른 다각형이면 변형하게 되지. 이런 정도를 나타내는 숫자가 있는 거야.

고리의 다각형	변형에 필요한 에너지 (KJ/mol)
3각	38.4
4각	27.6
5각	5.4
6각	0
7각	3.8
8각	5.0

에너지의 단위에 관해서는 일단 접어두기로 하고 변형의 에너지가 6각에서 벗어날수록 커지는 걸 알 수 있을 거야.」

「시클로폴리에틸렌이라는 게 있다면 분자 1개로 목걸이가 되겠네요.」

「재미있는 착상이군. 미래에 단분자 목걸이 같은 걸 만들어서 팔면 어떻겠니?」

「그래, 이음새가 없는 스타킹도 만들 수가 있는 셈이지.」

「그래, 성수야 네가 해 보렴.」

「하하하, 그럼 미래 일은 성수에게 맡기고, 또 하나의 다른 계열로 나가볼까. 2개의 원자가 더 빠져나간 무리야.」

「드디어 C_nH_{2n-2} 이군요.」

「그래, 그렇지.」

「이중결합이 2개 있는 거지요?」

「분명히 그런 무리도 있어. 하지만 그건 너희 교과서에서는 조금밖에 다뤄지지 않았을 거다. 그러니까 그전에 삼중결합에 대해서 먼저 알아보기로 하자.」

「그럼 이중결합에서 다시 H원자 2개가 더 빠져나간 셈이군요.」

8. 비닐수지의 출발점 - 아세틸렌계 탄화수소(알킨)

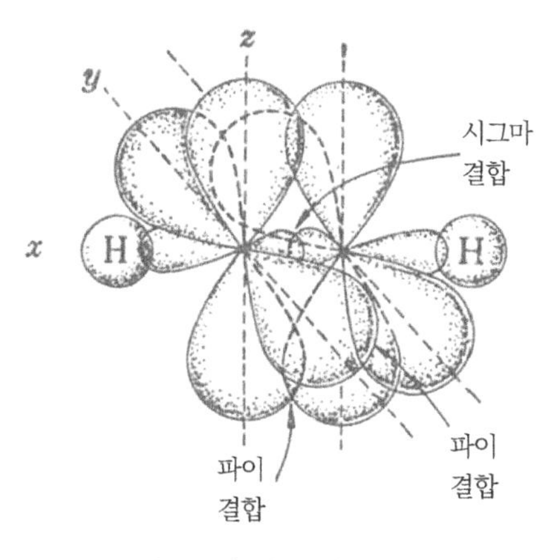

그림 Ⅲ-9 | 아세틸렌의 분자모형

「그렇지. 그럼 여기서 다시 앞의 〈그림 III-7〉을 봐요. 이 그림의 ④야. 즉 $2P_y$와 $2P_z$가 빠져나가고 $2S$와 $2P_x$가 혼성되어 있는 형태야.」

「그런 무리한 일도 일어나는 거예요?」

「이런 모형도(《그림 III-9》)로 만들어 볼까? 그림이 서툴러서 미안하지만. 즉 2개의 C원자 사이가 $2SP$의 시그마결합이고, 그 양쪽 끝에 수소원자가 있는 거야. 그러므로 H-C-C-H와 일직선이 되어 있고 그걸 x 방향이라고 하면, 그것에 직각으로 y와 z의 방향에 파이결합 2개가 있어서 C와 C를 연결하고 있는 셈이야.」

「그럼

이렇게 적어야 하는 거군요.」

「그렇겠지.」

「물론 이번에도 -C≡C- 사이는 회전하지 못하는 거죠.」

「그래.」

「그럼 또 트랜스형, 시스형과 같은 기하이성질체가 있는 거예요?」

「응? 이번에는 C의 양쪽에는 H가 1개씩인 거야. 그 한쪽이 치환되거나, 양쪽이 치환되든가, 오히려 에틸렌의 경우보다 간단할 거야.」

「아, 그렇겠어요.」

「그럼 대표적인 화합물인 아세틸렌에 대해서 이야기해 보자. 그런데 수진아, 넌 노점을 본 적이 있니?」

「네, 있어요. 집 근처 길가에 죽 늘어서 있는 걸요.」

「그 노점들은 아세틸렌 등으로 가게를 밝히고 있잖아. 카바이드에 물을 가하면 밝은 불길이 일지.」

「알아요. 그 매캐한 냄새가 나는 거 말이에요.」

「그래, 그 냄새야. 하지만 그 냄새는 아세틸렌 자체의 냄새가 아냐. 불순물로 들어 있는 황이나 인의 화합물 냄새란다.」

「요즘에도 에탄이니 에틸렌이니 하는 건 이름만 들었지 볼 수가 없는데, 아세틸렌은 철근건축의 공사현장에 가보면 용접 등에 쓰고 있는걸요.」

「그래, 카바이드만 있으면 실험실에서도 금방 만들 수 있거든. 카바이드는 탄화칼슘(CaC_2)이라는 화합물이지. 석회석과 코크스를 전기로에서 구워서 만드는 거야. 이 카바이드는 물과 상온에서 맹렬하게 반응한단다.

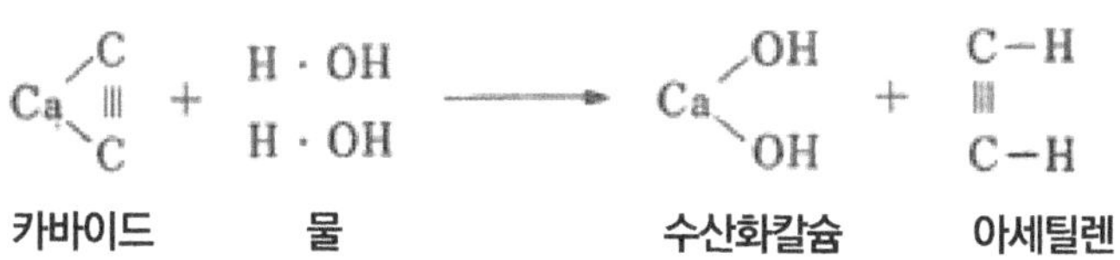

$$\mathrm{Ca}\begin{matrix}\diagup \mathrm{C} \\ \equiv \\ \diagdown \mathrm{C}\end{matrix} + \begin{matrix}\mathrm{H \cdot OH} \\ \mathrm{H \cdot OH}\end{matrix} \longrightarrow \mathrm{Ca}\begin{matrix}\diagup \mathrm{OH} \\ \\ \diagdown \mathrm{OH}\end{matrix} + \begin{matrix}\mathrm{C-H} \\ \equiv \\ \mathrm{C-H}\end{matrix}$$

카바이드	물	수산화칼슘	아세틸렌

이런 반응인 거야.

아세틸렌을 그대로 점화하면 그을음이 많은 붉은 불길을 피우면서 타는 거야. 이건 H에 비해서 C가 많아서 불완전연소로 인해 C가 유리되기 때문이야. 그러므로 특별한 기구를 사용해서 미리 공기와 잘 섞어서 타기 쉽게 하면 완전연소가 되어 그을음이 나지 않고 밝은 불길이 된단다. 바람이 불어도 쉽게 꺼지지 않기 때문에 바깥에서도 등불로 쓰이는 거야.」

「미리 공기와 섞어서 타게 하다니… 그래도 괜찮은 거예요? 가스와 공기가 섞이면 펑하고 폭발하지 않아요?」

「그래. 프로판가스의 폭발사고가 때때로 보도되고 있지. 그럼 이 표를 보자(표 Ⅲ-2).

물질명	폭발한계(공기 속의 부피%)
수소	4.0~75
일산화탄소	12.5~74
메탄	5.3~14
프로판	2.2~9.5
에틸렌	3.1~32
아세틸렌	2.5~81
에틸에테르	1.9~48
메틸알코올	7.3~36
에틸알코올	4.3~19

(학습연구사: 현대과학대사전에서)

표 Ⅲ-2 | 가연성기체의 폭발의 한계

이건 폭발한계라고 해서 말이야. 공기 속의 기체가 부피로 얼마만큼 섞여 있으면 폭발하는지, 그 범위를 보여주는 거야.

맨 위에 있는 수소를 볼까. 4.0~75%로 되어 있지. 이 사이에서는 폭발하는 거야. 예를 들면 공기 속에 3%의 수소가 섞여 있을 때는 타기는 하지만 폭발은 하지 않아. 또 수소가 80% 들어있는, 즉 공기가 20% 섞여 있는 수소도 폭발하지 않는다는 걸 가리키고 있는 거야.」

「정말이에요? 80%라도 괜찮다는 말이에요? 저는 100%일 때가 가장 잘 폭발할 거라고 생각하고 있었어요.」

「하하하. 잘 생각해 보렴. 공기가 섞이지 않으면 타지도 폭발도 하지 않겠지. 하지만 성수야, 웃을 일이 아냐. 사실 몇 해 전 어떤 폭발사고 때도 농도 100%의 가스가 충만해서 그것에 어떤 불길이 당겨져서 폭발했다는 기사가 실렸거든. 그런데 그 프로판가스를 보렴. 2.2~9.5%로 폭발 범위가 비교적 좁잖니.」

「아, 정말. 10%를 넘으면 폭발하지 않는다는 거군요. 그렇다면 프로판가스가 조금 새는 걸 알았으면, 오히려 코크를 열어 많은 가스가 빠지게 해서 10%를 넘게 하는 게 안전하다는 거군요.」

「잠깐, 잠깐! 이 숫자를 그렇게 해석하면 곤란해. 분명히 10% 이상의 프로판이 섞인 공기는 폭발하지 않아. 하지만 타지 않는다는 건 아냐. 연소해서 확산할 가능성은 프로판이 많을수록 높은 거야. 게다가 공기 속으로 프로판이 섞여드는 셈이므로 확산하는 가스 앞쪽에서는 반드시 10%보다 적은 곳이 있게 마련이지. 거기서는 인화되면 폭발하는 거야. 그러므로 코크를 열어서 많은 가스를 방출하다니 정말 큰일 날 소리지.」

「어, 그렇겠군요. 그럼 이런 표는 일상적인 가스의 주의와는 별로 관계가 없겠네요.」

「그래. 프로판으로 움직이는 엔진 등을 생각할 때는 필요하지. 어쨌든 아세틸렌의 성질을 알기 위해 비교해 보기로 하자. 아세틸렌은 2.5~81%로, 이 표 중에서 폭발의 범위가 가장 넓잖아. 즉 쾅하고 터질 가능성이 프로판보다 훨씬 많다는 이야기야. 그러나 5%쯤 공기가 섞여 있어도 괜찮아. 즉 성수의 걱정은 안 해도 되는 걱정이야. 아세틸렌 등의 기구는 그 정도의 공기밖에 들여보내지 않거든.」

「네, 알았어요.」

「하지만 말이다. 이건 보통 기압에서의 일이지. 압력을 가하면 아세틸렌은 단독, 즉 100% 공기 없이도 폭발한단다.」

「네? 그건 또 이상하잖아요. 용접 현장에는 아세틸렌, 봄베가 있었어요. 봄베라고 하면 압력을 가해서 채워 넣은 게 아니에요?」

「그래, 그렇지. 만약 아세틸렌을 단독으로 봄베에 채운다면 폭발할 거야. 그런데 편리하게도 아세톤이라는 액체가 있는데, 이 속에서 아세틸렌이 아주 잘 녹거든. 그래서 봄베 속에 규조토를 넣고, 그것에다 아세톤을 흡수시켜 두고 아세틸렌을 압력을 가해서 채워 넣으면 안전하게 채워지는 거지. 보통 15기압 정도로 하고 있단다.」

「정말 좋은 방법을 생각했군요.」

「폭발 이야기가 나왔으니 말인데, 아세틸렌으로부터 만들어지는 폭발성 화합물에 관해서 이야기하자. 아세틸렌을 질산은이나 염화구리(I)의 암모니아용액에 통과시키면 침전이 생기거든. 은아세틸렌(백색)이나 구리아세틸렌(갈색) 등의 화합물이야.

$$C_2H_2+2AgNO_3 \rightarrow C_2Ag_2+2HNO_3$$
$$\downarrow$$
$$C_2H_2+Cu_2Cl_2 \rightarrow C_2Cu_2+2HC1$$
$$\downarrow$$

이 침전은 축축하게 젖어 있는 동안은 아무 탈이 없지만 건조하면 조금만 꼬드겨도 펑하고 폭발해.」

「그렇게 민감해요?」

「성수야, 또 짓궂은 장난을 생각하고 있는 건 아니겠지.」

「그렇게 노려보지 마. 조금쯤이면 괜찮겠죠, 삼촌?」

「글쎄다. 시험관 속에서 만들 정도라면 뭐 괜찮겠지. 하지만 장난은 안 돼.」

「삼촌, 그런 말로는 안 돼요. 얘는 무슨 짓을 할지 몰라요.」

「그래그래. 어쨌든 에탄이나 에틸렌에는 이런 성질이 없어. 그러니까 가스 속에 아세틸렌이 있나 없나를 이런 방법으로 알 수 있는 거란다.

마찬가지로 폭발적으로 반응하는 첨가반응이 있지. 예를 들면 아세틸렌과 염소를 섞으면 상온에서도 폭발적으로 반응해서 그을음이 생기는 거야.

$$C_2H_2+Cl_2 \rightarrow 2C+ 2HCl$$

하지만 적당한 조건으로 천천히 첨가하면 사염화아세틸렌(테트라클로로에탄)이 생기지.

$$\mathrm{C_2H_2+2Cl_2} \longrightarrow \begin{array}{ccccccc} & & \mathrm{Cl} & & \mathrm{Cl} & & \\ & & | & & | & & \\ \mathrm{H} & - & \mathrm{C} & - & \mathrm{C} & - & \mathrm{H} \\ & & | & & | & & \\ & & \mathrm{Cl} & & \mathrm{Cl} & & \end{array}$$

첨가반응과 치환반응을 양쪽으로 하면 에틸렌으로부터도 만들 수 있을 거다. 테트라클로로에탄은

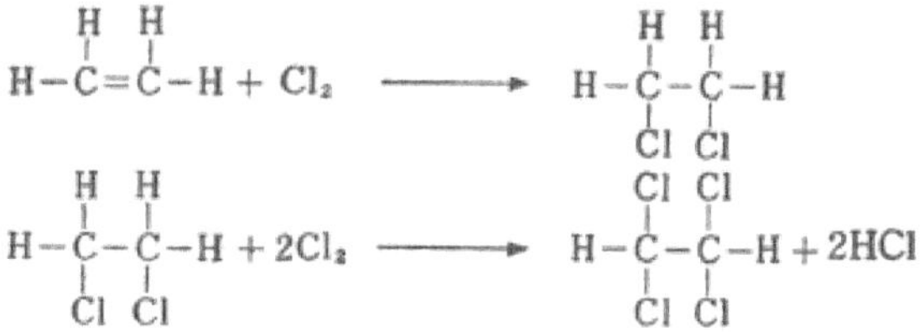

$$\begin{array}{ccccccc} & & \mathrm{H} & & \mathrm{H} & & \\ & & | & & | & & \\ \mathrm{H} & - & \mathrm{C} & = & \mathrm{C} & - & \mathrm{H} \end{array} + \mathrm{Cl_2} \longrightarrow \begin{array}{ccccccc} & & \mathrm{H} & & \mathrm{H} & & \\ & & | & & | & & \\ \mathrm{H} & - & \mathrm{C} & - & \mathrm{C} & - & \mathrm{H} \\ & & | & & | & & \\ & & \mathrm{Cl} & & \mathrm{Cl} & & \end{array}$$

$$\begin{array}{ccccccc} & & \mathrm{H} & & \mathrm{H} & & \\ & & | & & | & & \\ \mathrm{H} & - & \mathrm{C} & - & \mathrm{C} & - & \mathrm{H} \\ & & | & & | & & \\ & & \mathrm{Cl} & & \mathrm{Cl} & & \end{array} + \mathrm{2Cl_2} \longrightarrow \begin{array}{ccccccc} & & \mathrm{Cl} & & \mathrm{Cl} & & \\ & & | & & | & & \\ \mathrm{H} & - & \mathrm{C} & - & \mathrm{C} & - & \mathrm{H} \\ & & | & & | & & \\ & & \mathrm{Cl} & & \mathrm{Cl} & & \end{array} + \mathrm{2HCl}$$

그러니까 에탄으로부터 치환을 반복해도 된다는 이야기야. 같은 첨가반응으로 말이다. 우리의 일상생활에 편리한 물질을 만드는 반응이 있어요. 염화수은(I)을 촉매로 해서 아세틸렌에 염화수소나 아세트산을 첨가하면 염화비닐이나 아세트산비닐이 생기는 거다.

$$\mathrm{C_2H_2+HCl} \longrightarrow \begin{array}{ccccccc} & & \mathrm{H} & & \mathrm{Cl} & & \\ & & | & & | & & \\ \mathrm{H} & - & \mathrm{C} & = & \mathrm{C} & - & \mathrm{H} \end{array}$$

염화비닐

$$\mathrm{C_2H_2+CH_3COOH} \longrightarrow \begin{array}{ccccccc} & & \mathrm{H} & & \mathrm{OOCCH_3} & & \\ & & | & & | & & \\ \mathrm{H} & - & \mathrm{C} & = & \mathrm{C} & - & \mathrm{H} \end{array}$$

아세트산비닐

이 염화비닐이나 아세트산비닐의 구조식을 보면 아직도 이중결합이 있어서 에틸렌과 비슷하지 않니. 그러므로 에틸렌으로부터 폴리에틸렌이

생성되는 것과 마찬가지로 이런 비닐들을 중합하면 폴리염화비닐이나 폴리아세트산비닐이 만들어지는 거야. 이게 비닐수지라는 거지. 수도관이나 물통 등 매우 광범위한 용도가 있단다.」

「아세틸렌으로부터 단단한 수도관이 만들어진다는 거예요?」

「단단한 것만이 아니야. 수진이가 입고 있는 옷감의 비닐론도 이 무리의 것이란다.」

「정말 화학이란 요괴 같은 학문이군요.」

「그래. 요괴라는 말이 나온 김에 무서운 요괴 이야기를 해볼까. 지금 염화비닐을 만들 때, 염화수소(I)를 촉매로 사용한다고 했지. 이번에는 황산수은(II)을 촉매로 해서 물을 첨가하면 아세트알데히드라는 화합물이 생성되는 거야.

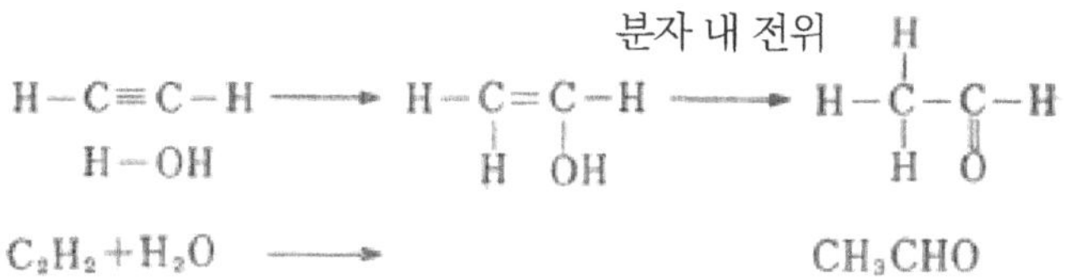

```
                                        분자 내 전위      H
                                                          |
H−C≡C−H  ──→  H−C=C−H  ──────→  H−C−C−H
H−OH              |   |                   |  ‖
                  H   OH                  H  O
```

$$C_2H_2 + H_2O \longrightarrow CH_3CHO$$

이 아세트알데히드로부터 아세트산이 만들어져서 방금 말한 아세트산비닐의 원료가 되거나 아세테이트레이온이나 아스피린의 원료가 되는데, 이때 촉매의 일부가 화합해서 유기수은화합물로 되는 거지.」

「네? 촉매라는 건 반응에는 관계하지 않는 거 아닌가요?」

「분명히 교과서에는 그렇게 설명되어 있지. 그러나 그럴 적에 하는 반응은 주반응을 말하는 거야. 지금의 물의 첨가에서는 아세트알데히드가 생성되는 반응이 주반응이거든. 이 반응식 속에는 분명히 수은은 들어 있지 않아. 즉 반응에는 관계하지 않는다는 거야. 그러나 부반응이 일어날지는 알 수 없겠지. 이런 점이 공업적으로 일으키는 반응과 교과서에 있는 것과의 차이라고 하겠지.

사물은 이치대로만 되는 게 아니라고 말하는 사람이 있잖니. 사실은 관계되는 모든 이치, 즉 이론을 모조리 생각한다면 이치대로 될 터인데도 부반응에 관한 이론은 무시하는 일이 있거든. 그래서 이치에 닿지 않게 되는 거란다.

이 촉매인 수은도 주반응에 관한 한, 반응 속에는 들어가지 않아. 그런데 부반응이 조금 일어나는 거야. 실험실의 단계에서는 무시해도 되는 양이지만 공업적인 규모가 되면 그게 누적되어 무시해 버릴 수 없게 되는 거야. 사실 이 부반응에서 생성되는 유기수은이 공장의 폐수 속에 섞여서 강으로 들어가고, 바다로 흘러가서 물고기 체내에 축적되고, 이 물고기를 먹은 사람이 수은중독증[09]이라고 하는 무서운 병에 걸리게 되는 거야.

어때, 정말 무서운 요괴 같은 이야기가 아니니.」

「정말 그러네요. 그걸 생각하면 아세틸렌이 편리하다고 해서 덮어놓고 좋아할 수만은 없겠군요.」

---

09 1953~1960년에 걸쳐 일본 규슈(九州) 미나마타(水俣) 연안의 공장 폐수 속 메틸화수은에 오염된 어패류를 먹은 주민들 사이에 발생한 수은중독증을 미나마타병이라고 한다. 메틸화수은은 잘 흡수되어 적혈구를 통해서 전신에 운반되며 간, 신장 등에 축적되어 입술, 팔다리 등의 지각이상, 운동실조, 보행장애, 정신이상 등을 일으킨다.

「그렇지. 화학을 공부하는 사람은 정말로 신중하게 생각해야 해. 인간에게 편리한 걸 만들기 쉬운 물질은 반대로 그만큼 해로운 것도 만들기 쉽다는 점을 생각해야 할 거야.」

「그렇다면 아세틸렌 같은 건 방심할 수 없는 거군요.」

「방심할 수 없는 건 인간이겠지. 인간이란 정말로 방심할 수 없는 존재야. 자, 그럼 본론으로 돌아가자. 이런 까닭으로 아세틸렌은 공업적으로 많이 사용되고 있단다. 공업적으로도 카바이드로부터 만드는 거야. 그러나 천연가스 속의 메탄이나 석유가스 속의 프로판 등으로부터도 만들어지고 있어. 아크로 세게 가열하면 분해하는 거야.

$$2CH_4 \rightarrow C_2H_2+3H_2$$

$$C_3H_8 \rightarrow C_2H_2+CH_4+H_2$$

와 같은 반응이 일어나지.

아세틸렌도 800℃ 정도로 가열하면 분해되어서

$$C_2H_2 \rightarrow 2C+H_2$$

와 같은 반응으로 그을음이 되는 거다. 아세틸렌 블랙이라고 해서 잉크의 원료 등이 된단다.」

「잉크가 되기도 하고, 수도관이 되기도 하고 그런가 하면 미나마타병 등을 일으키는 원인물질이 되기도 한다니, 정말 대단하군요.」

「그래서 요괴학, 즉 화학이라고 하는 거 아니겠니.」

「과연…….」

「자, 그러면 아세틸렌을 정리할 겸 이 계열의 화합물 이야기를 해보자. 이 무리에도 C_2H_2(아세틸렌), C_3H_4(알릴렌), C_4H_6(크로토닐렌) …… 등의 계열이 있단다.」

「크로토닐렌에는 역시

$$-C \equiv C - \overset{|}{\underset{|}{C}} - \overset{|}{\underset{|}{C}} - \qquad\qquad - \overset{|}{\underset{|}{C}} - C \equiv C - \overset{|}{\underset{|}{C}} -$$

와 같은 이성질체가 있겠군요?」

「그래.」

「이름이 좀 까다로워요.」

「그렇지. 이것의 명명법은 나중에 설명할건데, 우선 조금만 이야기해보자. 새로운 명명법으로 말이야. 메탄계는 ane, 에틸렌계는 ene, 아세틸렌계는 yne을 끝에다 붙이면 되는 거야. 예를 들면 C가 2개인 경우 에탄, 에텐, 에틴이라고 하듯이 말이야.」

「에틴이라. 하하 재미있네.」

「그것도 C의 수가 많아지면, 앞에서 말한 것처럼 그리스식 셈법을 사용하는데, C가 10인 경우 데칸, 데켄, 데킨이라고 하면 돼.

그럼 아세틸렌계는 이쯤하고, 다음에는 같은 C_nH_{2n-2}의 일반식으로서 나타나는 또 한 종류의 다른 계열을 알아보기로 할까.」

9. 디엔계와 트리엔계

「아까 성수가 말한 것처럼, 하나의 분자 속에 이중결합이 2개 있는 무리야. 메탄계 탄화수소보다 H원자가 4개 적다는 점에서 아세틸렌계열과 같은 거다. 그러므로 아세틸렌계와 이성질체의 관계에 있는 거지. 가장 간단한 건 부타디엔이야.

```
    H   H   H   H
    |   |   |   |
H - C = C - C = C - H
```

부타디엔

이건 부틴의 이성질체잖아.

```
              H   H
              |   |
H - C ≡ C - C - C - H
              |   |
              H   H
```

부틴

」

「아, 디엔의 디(di)는 2를 말하는 거였죠. 이중결합이 2개 있으니까 디엔이겠네요.」

「그렇지.」

「그렇다면 이런 계열에는 C의 수가 5인 펜타디엔, 6인 헥사디엔 등으로 역시 얼마든지 있는 거군요.」

「그렇지.」

「그렇다면 이중결합이 3개 있으면 트리엔계, 4개 있으면 테트라엔계가 되는 거예요?」

「그렇게 되겠지. 하지만 여기서는 디엔계까지만 이야기하기로 하자.」

「아, 알겠다. 이소프렌은 C_5H_8로서 일반식의 C_nH_{2n-2}에 적용되기 때문에 디엔계인 거죠. 이소프렌 이야기를 하는 데는, 그러니까 디엔계까지면 된다는 거 아니에요?」

「수진이는 척척 알아듣는군. 분명히 이소프렌은 디엔계야. 하지만 이소프렌으로 들어가기 전에 디엔계에 대해서 좀 더 이야기할 게 있어.

지금까지의 설명에서 알 수 있듯이, 유기화합물의 골격은 탄소의 결합이므로 단일결합, 이중결합, 삼중결합의 세 종류가 있는 거야. 그래서 각 탄소 사이의 간격, 즉 결합길이를 X선으로 조사해 보면, 이게 서로 다르거든.

C－C	1.5Å(옹스트롬[10])
C＝	C1.34Å
C≡	C1.20Å

로 결합길이가 점점 짧아져 있지. 파이와 시그마의 차이는 있어도 양쪽의 C원자를 연결하는 전자의 수가 증가하기 때문에 그만큼 가까이로 잡아당겨진다고 생각하면 될 거야.

그런데 문제는 디엔계야. 부타디엔의 결합길이를 측정해 보면,

10 전에는 옹스트롬(Å＝10^{-8}㎝)으로 나타냈으나, 최근에는 나노미터 (nm＝10^{-9}㎝)로 나타낸다. 그러므로 C－C는 0.150nm(1.50Å)이다.

$$
\begin{array}{c}
\quad H \quad H \quad H \quad H \\
\quad | \quad\;\; | \quad\;\; | \quad\;\; | \\
H-C=C-C=C-H \\
\uparrow \qquad \uparrow \\
1.337\text{Å} \quad 1.483\text{Å}
\end{array}
$$

와 같이 단일결합이나 이중결합도 단독일 때보다 더 짧아져 있는 거야.」

「왜 그렇게 되죠?」

「음, 간단히 설명하면, 이중결합과 단일결합이 고정되어 있지 않고 동요하고 있다고 생각하면 될 거야. 그러므로 단일결합도 이중결합도 단독일 때처럼 순수한 고정상태가 아니야. 이런 걸 **공명구조**(共鳴構造)라고 하며, 이런 상태가 되는 것을 하나씩 건너뛴 이중결합을 **공액이중결합**[11](共役二重結合)이라고 하는 거다.」

「아, 복잡해.」

「복잡하다고 생각하면 복잡하겠지만, 분자 속 원자의 결합상태는 플라스틱 공과 같은 원자를 스프링으로 연결시킨 고정적인 게 아니고, 결합된 후에도 전자가 동요하고 있다고 생각하는 거야. 그렇기 때문에 화학반응이 일어나는 거라고 말할 수 있지. 고체처럼 전자가 단단히 결합되어 있다면 다른 분자와 충돌해도 간단히 재결합은 일어나지 않을 거야.

자, 그럼 공명구조 이야기가 나왔으니까, 지금까지 등장했던 몇몇 계열과는 좀 다른 탄화수소계열로 이야기를 돌려볼까.」

11 공액이중결합은 켤레이중결합(conjugated double bond)이라고도 하며, 이것은 단일결합을 가운데 두고 이웃 원자들에 있는 두 개의 이중결합을 말한다.

10. 거북등 구조의 화합물들 – 방향족 탄화수소

삼촌은 시약장에서 두 개의 병을 갖고 왔다. 한쪽에는 '벤진', 다른 한쪽에는 '벤젠'이라고 쓰인 표가 붙어 있었다.

「자, 잘 봐. 이 벤젠은 휘발유의 한 종류로서 용제나 드라이클리닝에 쓰이는 거야. 벤젠은 콜타르에서 얻는 용제 등으로 쓰이는 거야. 둘 다 외관상으로는 무색액체인데 냄새가 조금 다르지.」

성수와 수진이는 병마개를 따고, 양쪽 냄새를 맡아 비교해 보았다. 말로는 어떻게 표현해야 할지 몰랐으나 분명히 다른 냄새였다.

「자, 잘 봐.」 하면서 삼촌은 두 개의 증발접시에 벤진과 벤젠을 조금씩 떨어뜨렸다. 그리고 성냥불을 양쪽에 점화했다. 그런데 어쩐 일인지, 벤진은 그리 심하지 않았지만 벤젠은 맹렬하게 검은 연기를 뿜어대며 이 연기로부터는 그을음이 훨훨 떨어져 내렸다.

「아, 그을음!」 수진이는 비명을 지르며 옷에 떨어지는 그을음을 피했다.

「어때. 이젠 알겠지. "지"와 "제"의 차이뿐인데도, 둘이 전혀 다른 거라는 걸 알 수 있었을 거야. 벤진은 석유로부터 얻은 것으로, 지금까지 공부한 메탄계의 탄화수소야. 펜탄이나 헥산쯤의 화합물이라고 생각하면 될 거다. 벤젠은 석탄에서 얻어지는 거야. 아세틸렌 이야기할 때 H에 비해서 C가 많기 때문에 불을 붙이면 그을음을 내면서 탄다고 말했지. 그렇다면 이 벤젠도 C가 많은 화합물이라고 생각할 수 있을 거야. 원소분석을 하고 분자량을 구해서 분자식을 알아보면 C_6H_6이 되는 거지. C_6의 메탄계 탄화수소는 헥산이고 C_6H_{14}가 아니니. 그러므로 같은 C_6이라고 해도 벤젠은 헥산보다 H원자가 8개나 적은 거야. H원자 8개가 빠져나갔다면 이중결합이 4개가 있어야 하잖니. 예를 들면

$$H-\overset{H}{\overset{|}{C}}=C=\overset{H}{\overset{|}{C}}-\overset{H}{\overset{|}{C}}=C=C=\overset{H}{\overset{|}{C}}-H$$

이렇게 말이야. 이게 바로 성수가 말한 테트라엔계라는 거야.」

「네.」

「이렇게 이중결합이 있다면 매우 반응성이 풍부한 거라고 생각할 수 있겠지. 그런데 이 벤젠에 브롬을 작용해 보면 첨가반응이 일어나지 않고 치환반응이 일어나거든.

$$C_6H_6+Br_2 \rightarrow C_6H_5Br+HBr$$

처럼 말이야.」

「아니, 그렇다면 메탄계 탄화수소 정도로 안정되어 있는 게 아니에요?」

「응. 그래서 19세기의 화학자들은 도대체 벤젠이 어떤 구조를 하고 있는가를 밝히려고 꽤 골치가 아팠지. 그러다 1865년에 독일의 화학자 케쿨레가 꿈속에서 힌트를 얻어 벤젠의 구조를 밝혔던 거야.」

「네? 꿈속에서요?」

「그래, 꿈속에서. 벤젠의 구조 발견 25주년의 축하회에서 케쿨레는 벤

젠 구조를 발견한 에피소드를 이렇게 말했지(다네만 지음, 『대자연과학사 11권』).

"겐트 대학에 근무하고 있을 때였습니다. 어느 날 밤, 공부를 하다가 그만 깜박 졸았는데 꿈을 꾸었지요. 꿈속에서 뱀과 같은 탄소원자 사슬이 눈앞에 꿈틀거리며 뱀이 차례차례로 다음 뱀의 꼬리를 물고 늘어져서 고리를 만들고 있었습니다. 거기서 나는 잠에서 깨어나 밤새도록 벤젠에 대한 고리 모양 구조의 가능성을 생각했습니다."」

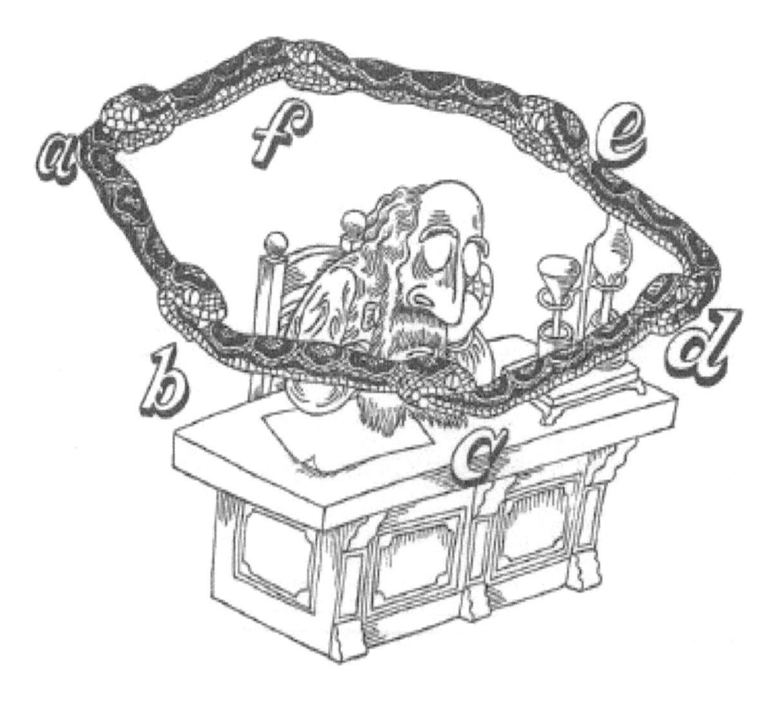

케쿨레의 꿈

「꿈속에서까지 생각하고 있었군요.」

「이렇게 케쿨레가 생각해 낸 것이 이런 구조식이야.

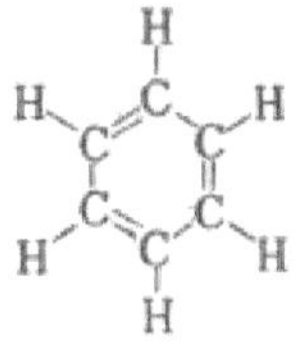

그러나 케쿨레의 식으로는 아직 벤젠의 안정성을 설명할 수 없잖아. 왜 첨가반응을 일으키지 않는가. 게다가 부타디엔에서 말했듯이 C-C와 C=C의 결합길이가 다르잖아. 그렇다면 벤젠의 6각은 변의 길이가 다르게 되어 있을 거야. 그래서 이중결합은 한 곳에 고정되지 않고 공명구조를 이루고 있다고 생각하게 된 거지. 즉

이렇게 두 개의 구조 사이가 동요하고 있는 거라고. 즉 공명을 이루고 있다는 이야기야. 그리고 화학이 더욱 발전해서 흑연에서 말한 것처럼 파이결합의 전자를 생각하게 된 거야. 그러면 벤젠에서는 평면 위에 6개의 C원자와 6개의 H원자가 시그마결합으로 배열되고 그 평면의 아래위에 파이결합의 전자가 도넛 모양으로 확산해 있는 거라고 생각할 수 있잖아. 모형으로 그리면 〈그림 III-10〉과 같이 말이다. 이 그림에서는 파이전자

껍질만 그려져 있지만.」

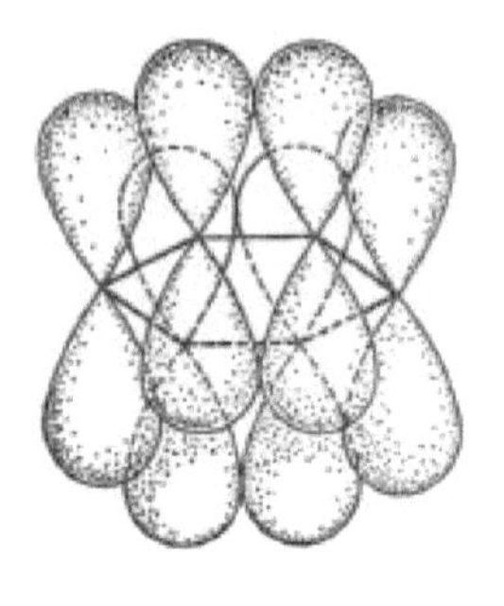

그림 Ⅲ-10 | 벤젠의 파이전자와 오비탈의 모형

「그렇다면 6개의 C원자 전부가 마찬가지로 연결되어 있다는 이야기군요.」

「그렇단다. 이거라면 파이전자는 6개의 C에 평등하게 한결같이 연결되어 있으므로 그 안정성을 생각할 수 있겠지. 그래서 벤젠의 구조식을 간단히 줄여서

으로 쓰는 거야. ○은 파이전자의 도넛을 나타내는 것이지. 다만 너희 교과서에는

로 쓰고 있을 거야.

예로부터 거북등이라고 불리는 이 벤젠의 6각형 구조를 분자 속에

포함하고 있는 탄화수소를 **벤젠계 탄화수소** 또는 **방향족 탄화수소**라고 한단다.」

「6각형의 거북등을 가지고 있는 탄화수소로 한정한다면, 벤젠 이외에는 없는 거예요?」

「아니야. 앞에서 말했듯이 벤젠의 수소는 치환반응을 하거든. 지금 1개의 H가 CH_3으로 치환되었다면 이렇게 되겠지.

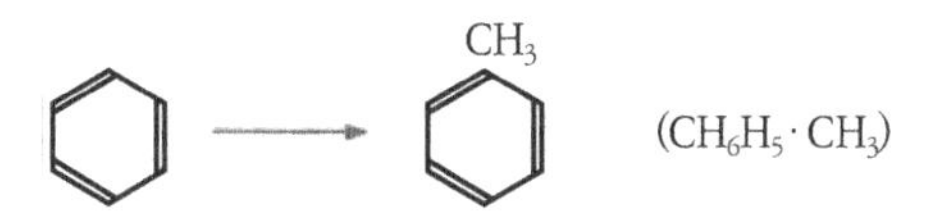

「아, 그것도 C와 H의 화합물이군요.」

「이건 톨루엔(톨루올)이라는 화합물이야. CH_3가 아니라 C_2H_5가 들어가면

인 것처럼 얼마든지 이 계열의 탄화수소를 생각할 수 있지.」

「아, 그렇다면 벤젠의 2개의 H원자가 치환된 것도 있겠네요?」

「그렇지. CH_3이 2개 치환되면

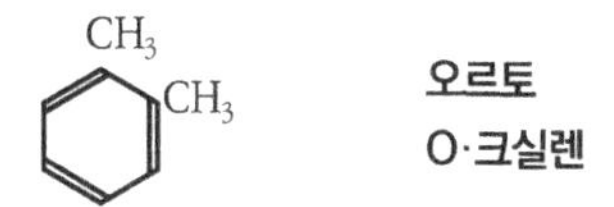

이런 것도 있어.」

「오르토는 뭐예요?」

「이처럼 벤젠핵에 어떤 2개의 치환기가 결합할 때, 세 가지 경우가 있을 거야.

X X 오르토 o X X 메타 m X X 파라 p

이 세 가지 이성질체를 구별하기 위해서 o·m·p라고 하고 이름 앞에다 쓰는 거다.」

「이웃이 o, 한집 건너서 저쪽이 m, 맞은편 집이 p예요?」

「아니, 그럼 같은 이웃이라도 왼쪽 앞이니 오른쪽 앞이라는 건 없는 거예요?」

「하하하, 그건 뒤집어 보면 마찬가지야.」

「아, 그러네.」

「그런데 말이야. 거북등이 2개, 3개가 연결된 것도 있단다.

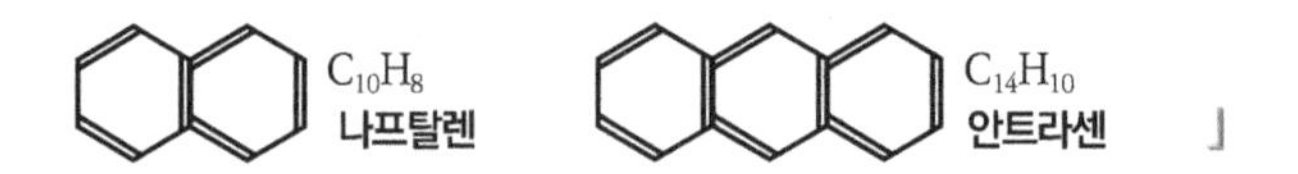

」

「나프탈렌이라는 건, 옷장에 넣는 방충제의 나프탈렌과는 다른 거예요?」

「같은 거야. 다만 요즘의 방충제에는 p디클로로벤젠이 쓰이고 있단다.」

「디클로로라면 Cl이 2개로 맞은편 쪽에 있으므로

이군요.」

「그래. 이건 벤젠에 철가루를 촉매로 해서 염소를 작용하는 거야. 그렇게 하면 먼저

Cl

+ Cl_2 ⟶ + HCl

의 치환반응으로 모노클로로벤젠이 생기고, 이어서 오르토, 파라의 디클로로벤젠이 생기는 거지. 오르토는 염료 등의 원료로 흔히 쓰이지만 파라는 그다지 용도가 없어. 그래서 방충제로 했다는 이야기를 들은 적이 있어.」

「메타는 생기지 않는 거예요?」

「음…. 그 이유는 좀 어렵기 때문에 지금은 설명하지 않겠지만오르토와 파라가 생길 때는 메타가 생기기 어려워. 그러므로 메타를 만들 때는 다른 조건이 필요한 거야.」

「이상하지 않니? 뭔가 이유가 있을 텐데…….」

「아, 어쩌면 일본에서 처음으로 노벨 화학상을 받은 후쿠이 박사의 이론으로 설명되는 거 아니에요?」

「음. 좋은 점에 착상했군. 후쿠이 박사의 **'프론티어 전자 이론'**이라는 건, 분자궤도 속에서 가장 에너지준위가 높은 궤도(HOMO라고 함)와 이 궤도 위에 있으며, 전자가 들어가 있지 않은 빈 궤도 중 에너지준위가 가장 낮은(LUMO라고 함) 궤도가 화학반응을 결정한다는 이론이야.」

「분자궤도가 뭐예요?」

「그래, 지금까지 원자궤도 이야기는 나왔지. 원자와 원자가 화합해서 분자가 되어도 전자가 없어지는 건 아니야. 역시 공통의 원자핵 주위를 돌고 있지. 그러므로 분자 주위에는 역시 전자가 돌아가는 궤도가 있기 마련이야. 이걸 분자궤도라고 하는 거다. 그리고 원자와 원자가 이온결합이나 공유결합을 이룰 때는 각각 원자의 가전자(價電子)의 배열상태가 관계되고 있는 거야. 이것과 마찬가지로 분자가 다른 분자나 원자와 반응할

후쿠이 박사, 프론티어 전자 이론으로 노벨상!

때도 이 분자 주위에 있는 전자의 배열과 관계되는 거야. 원자라고 해도 원자번호가 큰 원자가 되면 전자의 배열이 복잡해지는 거지. 그러므로 원자가 몇 개나 결합해서 이루어진 원자에서는 그 전자가 돌고 있는 상태는 매우 복잡하다는 걸 알 수 있을 거야.

후쿠이 박사는 이 복잡한 전자 중에서 가장 표면(프론티어)에 있는 전자가 반응을 좌우한다고 생각한 거야.」

「프론티어란 최전방이라는 말이죠? 전쟁을 하는 건 최전방의 군인이지 후방부대가 아니라는 거군요.」

「모형적으로 생각하면 그런 뜻이지.」

「그건 알 수 있지만, 그 뭐…… 그 궤도 위에 있으며 전자가 들어가 있지 않은 궤도라는 건 뭐예요?」

「전자가 들어갈 수 있는 가능성이 있는 궤도라는 뜻이에요?」

「그래, 그렇지. 수진이가 추위에 떨면서 옷가게의 쇼윈도를 들여다보고 있다고 생각해 보자. 스웨터를 갖고 싶다. 지금 입고 있는 옷 위에 잘 어울릴 스웨터를 상상하고 자기 주머니 사정과 맞는 스웨터를 사고 싶다는 반응을 할 거란 말이야. 지금 입고 있지 않지만 입을 가능성을 생각할 때 가장 손에 넣기 쉬운 스웨터와 반응한다는 거야.」

「싫어요. 싸다고 다 좋은 건 아니란 말이에요.」

「그렇지. 값이나 기호 등을 일체 포함해서 가장 사기 쉬운 게 에너지준위가 가장 낮다, 이렇게 말할 수 있겠지.」

「그렇군요.」

「그럼 벤젠핵에 대해서 생각해 보자. 벤젠의 6개의 수소원자는 모두 같은 입장에 있단다. 6개의 파이전자가 6개의 수소원자에 접근할 가능성은 같을 거야. 그러므로 최초의 Cl이 H와 치환할 때는 어느 수소원자가 떨어져 나가든 차이가 없는 셈이지.

그런데 Cl 1개가 치환된 모노클로로벤젠에서는 상황이 달라진단다. 즉 6개의 C원자를 도는 파이전자의 분포가 같지 않게 되는 거야. 자세한 건 양자역학(量子力學)의 계산을 도입해야 하는데, 그건 제쳐 두고 여기서는 이런 모형을 생각하면 어떨까?

벤젠핵에 Cl 1개가 결합함으로써 이 Cl에 가까운 오르토 위치에 있는 C원자 부근과, 반대로 먼 파라 위치의 C원자 부근에 전자의 분포상태가 높아지고 중간의 메타 위치에서는 그것과는 반대가 된다고 말이야.」

「아, 그렇게 말하니까 정전유도에서도, 자기유도에서도 같은 일이 있었어요.」

「자세한 건 너희가 대학에 진학한 다음에 공부하기로 하고, 여기서는 우선 메타는 생성되기 어렵다는 정도만 생각해보자.」

「네.」

「컴퓨터의 발달로 복잡한 계산도 단시간에 할 수 있게 되면 이런 복잡한 화합물의 분자 속 전자상태를 알 수 있게 될 거야. 그렇게 되면 그 화합물의 반응방법을 알게 되지. 촉매나 효소의 작용도 해명되고, 질병과 약의 작용 등도 알게 되고, 암과 같은 난치병의 대책도 세울 수 있을 거야. 우리가 연구소에 들어왔을 무렵과 비교하면 그 진보란 정말로 놀라울 정도야. 부럽기도 해. 성수는 이제부터 그런 화학의 세계로 들어가는 거야. 나도 50년쯤 젊어졌으면 좋겠군.

자, 여담은 그만하고 본론으로 들어가자. 아까 말한 메타에서의 조건이라는 건 말이야. 같은 벤젠과 염소인데 참가반응도 일어나는 거야. 자외선을 쬔다는 조건 아래서는

$$+ \quad 3Cl_2 \longrightarrow$$

와 같이 첨가해서 헥사클로로시클로헥산, 또는 벤젠헥사클로라이드라는 화합물이 생성되거든. 이걸 줄여서 BHC라고 하는데, 이건 강력한 살충제야. 이 약이 개발된 덕분에 제2차 세계대전이 끝난 뒤로는 이와 빈대 등이 없어졌고 그 밖의 해충도 크게 줄어들었지. 그러나 환경오염 때문에 지금은 사용이 금지되었어.」

「참 재미있군요. 사소한 조건의 차이로 전혀 다른 화합물이 만들어지다니…….」

「벤젠을 출발물질로 해서 숱한 염료와 의약품, 그리고 화약이 만들어지고 있는데 그 출발은 치환반응으로 벤젠핵에다 다른 무엇을 붙이는 거야. 즉 술폰기라든가 니트로기 등을 붙이는 거지.」

「아, 그 술폰기 말인데요. 황산을 사용하는데 왜 황산기라고 부르지 않는 거예요?」

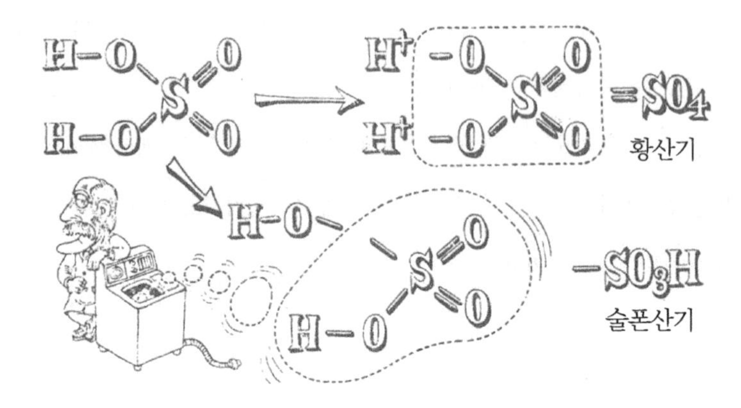

「그건, 황산의 구조식을 적어보면 알 수 있어.

무기화학에서는 황산기로서 작용하는 경우가 많고 유기의 반응에서는

$$C_6H_6 + H_2SO_4 \longrightarrow C_6H_5SO_3H + H_2O$$

벤젠술폰산

과 같이 치환되는 경우가 많단다.」

「음…. 그렇군요.」

「이와 마찬가지로 질산도

$$H-O-NO_2 \longrightarrow H^{+} \quad -NO_3^{-} \quad \text{(질산기)}$$

$$H-O-NO_2 \longrightarrow HO- \quad -NO_2 \quad \text{(니트로기)}$$

로 나누어지거든. 벤젠에 니트로기가 치환되면

NO_2

니트로벤젠

톨루엔에 니트로기를 3개 치환시킨

CH_3

NO_2 NO_2

NO_2

2·4·6 트리니트로톨루엔

은 TNT[12]라는 강력한 폭약이야. 원자폭탄의 크기를 나타내는 데 메가톤이라는 단위가 있잖아. 이건 TNT 1메가톤(100만 톤)에 해당하는 폭발력이라는 의미야.」

「2·4·6이라는 건 무슨 뜻이에요?」

「아, 이건 벤젠핵에 뭔가가 붙어 있을 때의 명명법으로, 시곗바늘이 돌아가는 방향으로 번호를 붙여서 나타내는 방법이야.

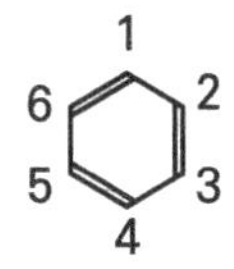

12 톨루엔에 진한 질산과 진한 황산(탈수제)의 혼합산을 작용시키면 니트로화 반응이 일어나서 TNT(Trinitrotoluene)가 생긴다.

$$\underset{\text{toluene}}{C_6H_5CH_3} \xrightarrow[H_2SO_4]{HNO_3} \underset{\text{TNT}}{C_6H_2CH_3(NO_2)_3}$$

톨루엔의 CH_3이 있는 위치를 1이라고 하면, 2와 4 및 6의 위치에 3개의 NO_2가 있다는 뜻이야.」

「아, 그렇군요.」

11. 탄화수소의 명명법

「지금까지 유기화합물의 명명법을 기회가 날 때마다 말해 왔는데, 여기서 일단 정리해 보기로 하자. 어쨌든 유기화합물은 그 종류가 엄청나게 많아. 탄화수소만 해도 매우 많지. 그것도 이성질체가 말이야. 그러므로 이것을 구별하는 데는 명명법을 명확하게 알아두어야 해.

그런데 번거롭게도 화합물이 많이 발견되지 않았던 비교적 옛날에 명명된 관용명이라는 게 있거든. 그러나 그것은 체계적이 아니란 말이야. 화합물이 많아지면 아무래도 체계적으로 분류해서 이름을 붙여야 하지. 그런 이유로 세계 공통의 명명법이 마련된 거란다. 하지만 흔히 사용하는 화합물에서는 관용명과 새 명명법 두 가지가 다 사용되고 있는 실정이어서 복잡하단 말이지.」

「그러면 두 가지 이름을 다 기억해야 하겠네요?」

「그래. 하지만 그건 우리 주위에서 흔히 사용하는 화합물이면 족해. 너희는 새로운 명명법을 익히는 게 나을 거야.

새로운 명명법은 IUPAC명명법이라고 하지. 이건 International

Union of Pure and Applied Chemistry의 준말로, 말하자면 화학의 국제연합과 같은 조직에서 정한 이름이라고 생각하면 될 거야.

우선 탄화수소에 대한 IUPAC 명명법을 알아보기로 하자. 이 명명법은 탄화수소의 분자를 주된 사슬로 하고, 그것에 가지가 있다고 생각하는 거야. 주된 사슬의 기본은 메탄계 탄화수소였지. 이건 **알칸**이라고 부르고, 앞에서 말했듯이 수를 나타내는 숫자에 ane을 붙이는 거야.

그다음, 이중결합이 1개 있는 에틸렌계, 이건 **알켄**이라고 하여 ene를 붙이는 거야. 그리고 아세틸렌계는 **알킨**이라 하고 yne을 붙인다는 건 앞에서 말했지.

자, 그다음은 가지에 대해서야. 가지는 대체로 메탄계 탄화수소로부터 수소가 1개 빠져나간 꼴이었지. 그래서 이런 꼴을 **알킬기**라고 불러. 즉 C_nH_{2n+2} 로부터 수소 1개가 빠져나간 C_nH_{2n+1}-의 일반식으로 나타내는 거야. C_{10}까지를 〈표 Ⅲ-3〉으로 보여줄 테니까 살펴보렴.

자, 다음에는 그 가지가 있는 위치를 나타내는 방법이다. 즉 가지가 있는 위치에서 가까운 쪽에서부터 주된 사슬의 탄소원자에 번호를 붙여서 부르는 거야.

예를 들면 금방 알거야.

```
 1      2      3       4
CH3 - CH - CH2 - CH3
        |
       CH3
```

C의 수	알칸	분자식	알킬기	기의 식
1	메탄	CH_4	메틸기	CH_3-
2	에탄	C_2H_6	에틸기	C_2H_5-
3	프로판	C_3H_8	프로필기	C_3H_7-
4	부탄	C_4H_{10}	부틸기	C_4H_9-
5	펜탄	C_5H_{12}	펜틸기	$C_5H_{11}-$
6	헥산	C_6H_{14}	헥실기	$C_6H_{13}-$
7	헵탄	C_7H_{16}	헵틸기	$C_7H_{15}-$
8	옥탄	C_8H_{18}	옥틸기	$C_8H_{17}-$
9	노난	C_9H_{20}	노닐기	$C_9H_{19}-$
10	데칸	$C_{10}H_{22}$	데실기	$C_{10}H_{21}-$
n	알칸	C_nH_{2n+2}	알킬기	$C_nH_{2n+1}-$

표 Ⅲ-3 | 알킬기

주된 사슬은 C가 4개이므로 부탄이지. 이 사슬의 두 번째에 메틸기가 붙어 있으므로

2·메틸·부탄

이라고 하면 된다.」

「네, 그게 바로 이소펜탄이었죠?」

「그래. 펜탄의 이성질체였지. 그러나 주된 사슬은 C가 4개이므로 부탄을 주로 해서 명명하는 거야. 펜탄에는 또 하나의 이성질체로

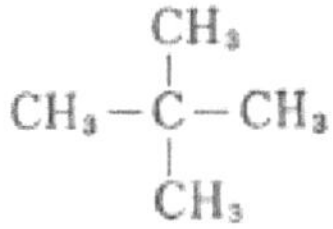

$$
\begin{array}{c}
CH_3 \\
| \\
CH_3 - C - CH_3 \\
| \\
CH_3
\end{array}
$$

이라는 게 있었지.」

「네오펜탄이에요.」

「이건 주된 사슬에 C가 3개 있으므로 프로판을 주로 해서 명명하면 될 거야. 즉 2-2-디메틸프로판.」

「테트라-메틸-메탄이라고 하면 안 돼요?」

「그렇게 해도 되겠지. 그럼 가지가 2개 있는 건 어떻게 부르는가 하면

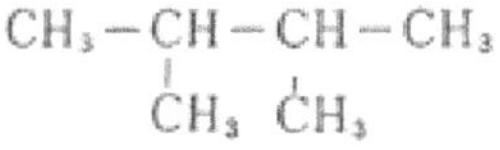

$$
\begin{array}{l}
CH_3 - CH - CH - CH_3 \\
\qquad\;\; | \qquad\;\, | \\
\qquad CH_3 \;\; CH_3
\end{array}
$$

2·3 디메틸부탄

만약 가지에 붙은 게 다른 거라면

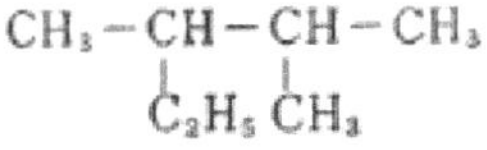

$$
\begin{array}{l}
CH_3 - CH - CH - CH_3 \\
\qquad\;\; | \qquad\;\, | \\
\qquad C_2H_5 \; CH_3
\end{array}
$$

2. 에틸 3. 디메틸부탄

인 셈이야.」

「그렇군요.」

「그럼 다음 탄화수소의 이름을 말해 보렴.」

(1) $CH_3 - CH - CH_2 - CH_2 - CH_3$, with CH_3 branching from CH

(2) $CH_3 - C - CH_2 - CH_3$, with CH_3 above and C_2H_5 below C

(3) $CH_3 - CH_2 - CH_2 - CH - CH_3$, with C_2H_5 branching from CH

답: (1) 2 - 메틸 펜탄
(2) 2 - 메틸 2 - 에틸부탄
(3) 2 - 에틸 펜탄 (4 - 에틸 펜탄이라고는 하지 않는다)

「그럼 다음에는 이중결합이나 삼중결합이 있는 위치를 나타내는 방법이야. 이것도 주된 사슬의 탄소 번호로써 나타내는 거야.

$CH_2{=}CH{-}CH_2{-}CH_3$	1-부텐
$CH_3{-}CH{=}CH{-}CH_3$	2-부텐
$CH{\equiv}C{-}CH_2{-}CH_3$	1-부틴
$CH_3{-}C{\equiv}C{-}CH_3$	2-부틴

이렇게 말이다.」

「그럼 분자 속에 가지와 이중결합이 다 있을 때는 어느 쪽을 먼저 부르는 거예요?」

「그럴 경우에는 가지부터 먼저지. 예를 들면

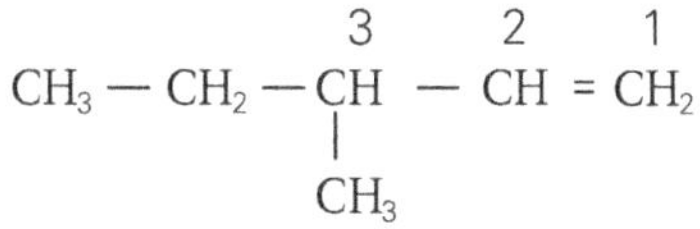

$$\overset{}{CH_3}-CH_2-\overset{3}{\underset{\displaystyle CH_3}{\underset{|}{CH}}}-\overset{2}{CH}=\overset{1}{CH_2}$$

은 3-메틸-1-펜텐이 되는 거야.」

「까다롭기는 해도 어렴풋이 이해할 것 같아요.」

「다음은 시클로파라핀계의 명명법이야. 이건 시클로○○으로, 사슬 모양 탄화수소에 시클로를 붙이면 되는 거란다. 이런 식으로 말이야.

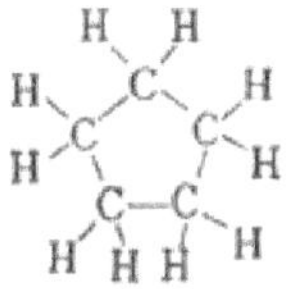

시클로펜탄

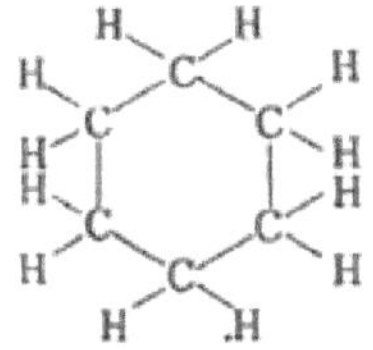

시클로헥산

그리고 벤젠계 탄화수소의 경우에는 아까 말했었지. o(오르토), m(메타), p(파라)로 부르는 방법이거나 시곗바늘 방향으로 번호를 붙여서 부르는 거야. 예를 들면

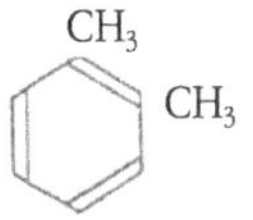

CH_3, CH_3

O · 크실렌

또는 1 · 2 · 디메틸벤젠

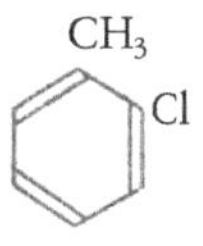

CH_3, Cl, NO_2

이런 게 있다고 하면

1메틸 · 2클로로 ·4니트로벤젠

이라고 하면 돼. 그럼 이쯤하고, 나머지는 그때마다 다시 이야기하는 걸로 하자꾸나.」

IV. 탄화수소를 천천히 산화했을 때 얻는 화합물 - 알코올 · 알데히드 · 카르복시산

1. 식혜가 시큼해지는 이야기

「수진이는 식혜라는 걸 먹어본 적이 있니?」

「아뇨. 저는 시큼한 냄새가 나서 싫어요.」

「성수는?」

「저도요, 없어요.」

「요즘은 달고 맛있는 게 많으니까 인기가 없나 봐요.」

「그렇겠지. 우리가 어렸을 때는 요즘처럼 달고 맛 좋은 게 많이 없었지. 할머니께서 때때로 식혜를 만들어 주셨는데, 어떤 때는 달고, 어떤 때는 조금 시큼하고, 때로는 술냄새가 풍기기도 했지.

자, 그럼 왜 식혜가 시큼해지는지, 여기서부터 이야기의 실마리를 풀어갈까.

식혜를 만드는 데는 우선 쌀을 누룩으로 만든다. 누룩은 누룩곰팡이라는 일종의 곰팡이를 밥에다 번식한 거야. 이걸 보온실에 넣어 곰팡이를 번식시키는 거지. 그러면 밥알 위에 흰 실 모양의 곰팡이가 자라는데, 이 곰팡이가 녹말을 가수분해하는 효소를 많이 갖고 있어. 그래서 식혜를 만들 때는 따로 죽을 쑤어 조금 식힌 다음에 누룩을 넣고 잘 섞어서 밀폐하여 식지 않게 담요로 싸서 2~3일 동안 놓아두는 거란다. 만일 속성으로 만들고 싶을 때는 따뜻한 물속에 죽이 든 용기를 넣어서 가온하는 거야.

앞에서 녹말의 가수분해에서 설명했듯이 아밀라아제라는 효소가 녹말을 맥아당으로까지 가수분해하고, 말타아제라는 다른 효소가 맥아당을 포도당으로까지 가수분해하는 거야.

누룩 속에는 이런 두 가지 효소가 있기 때문에 식혜의 단맛은 녹말의 가수분해로서 생기는 맥아당과 포도당이 혼합된 맛이라고 생각하면 되겠지.

자, 그런데 여기서 반응이 알맞게 정지하면 단맛인 채로 있겠지. 그런데 공기 속에는 여러 가지 균의 포자가 떠다니고 있으므로 그것들이 들어가서 번식하는 거야. 이 속에는 치마아제라는 효소를 생산하는 효모균도 있거든. 이 치마아제는 당을 알코올로 발효시키는 작용을 한단다.

$$\underset{\text{포도당}}{C_6H_{12}O_6} \rightarrow \underset{\text{에틸알코올}}{2C_2H_5OH} + 2CO_2$$

이것이 예로부터 술을 빚을 때 이용되고 있는 반응이야. 원숭이술이라고 해서 원숭이도 술을 만든다는 말이 있지. 과일이 나무가 오목하게 파인 곳에 떨어져서 그게 자연적으로 발효한 것을 원숭이가 만들었다고 생각했는지도 몰라.

식혜도 이 반응이 조금 일어나면 술냄새를 풍긴단다. 그런데 공기 속에는 아세트산균이라는 균이 있거든. 이것은 에틸알코올을 아세트산으로 바꾸는 발효, 즉 아세트산 발효를 한단다. 이 발효가 식혜에서는 매우 빠르게 진행하기 때문에 술보다 더 시큼해지는 거란다.」

「그럼 공기 속에 있는 이런 균들이 들어가지 않게 하면 되겠군요.」

「그렇지. 그래서 식혜를 담는 그릇은 미리 물에 끓여서 살균한 다음에 쓰거나 뚜껑이 꽉 닫히는 찜통을 쓰는 거야. 또 이제 됐을까 하고 자주 뚜껑을 열어보는 건 좋지 않다고 하지.

자, 그럼 식혜 이야기는 이쯤하고, 이 화학반응에 대해서 알아보기로 하자.」

2. 에탄을 서서히 산화하면?

「자, 식혜 이야기는 녹말에서부터 시작했는데, 이번에는 에탄에서부터 시작할까. 에탄은 점화를 해서 연소시키면 급격히 산화해서 물과 이산화탄소로 완전히 산화한단다.

$$2C_2H_6+7O_2 \rightarrow 4CO_2+6H_2O$$

그런데 이걸 천천히 산화하면, 먼저 에틸알코올이 된단다.

```
    H   H                         H   H
    |   |                         |   |
H - C - C - H  +  O  ———→     H - C - C - O - H
    |   |                         |   |
    H   H                         H   H
     에탄                          에틸알코올
```

이처럼 C-H의 결합 속에 O원자가 들어가서 -OH라는 기를 만드는 거야.」

「-OH기라면 히드록시기로서 염기군요.」

「그래, 무기화합물에서는 염기지만 유기화합물에서는 염기라고 하지 않아. 탄화수소에 결합한 경우는 알코올이라고 하는 거야. 그런데 산화가 좀 진행되면 또 1개의 -OH가 되는데, 이건 불안정하고 물분자가 빠져나가 아세트알데히드라는 화합물로 된단다.

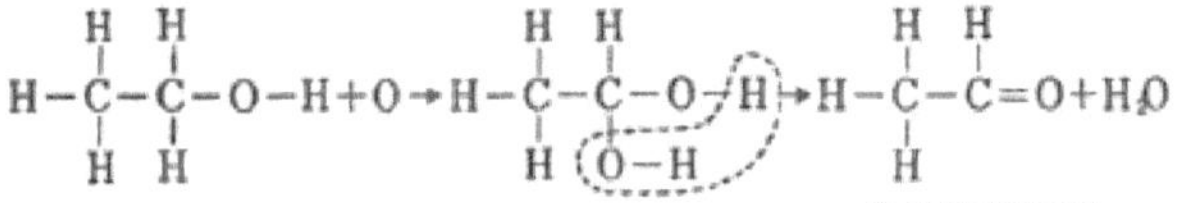

```
    H   H                         H   H                      H   H
    |   |                         |   |                      |   |
H - C - C - O - H + O → H - C - C - O - H → H - C - C = O + H2O
    |   |                         |   |                      |
    H   H                         H   O - H                  H
                                                        아세트알데히드
```
」

「식혜의 경우는 알코올로부터 아세트산이 된 게 아니에요?」

「그래. 하지만 도중에 아세트알데히드가 생기는데 금방 다음 반응으로 진행해 버리지. 즉 아세트알데히드는 다시 산화해서 아세트산이 된단다.」

```
    H   H                          H   O - H
    |   |                          |   |
H - C - C = O  +  O  ———→      H - C - C = O
    |                              |
    H                              H
                                 아세트산
```

「그럼 한 단계 더 산화하면 무엇이 되는 거죠?」

「음…. 여기까지지. 그다음은 분자가 파괴되어 CO_2와 H_2O가 되는 거야.

자, 그럼 여기서 무기화학에서 배운 열화학방정식을 상기해 보자꾸나. 연소열이라는 항목의 표를 보면, 에탄이나 에틸알코올의 연소열이 실려 있지. 이걸 열화학방정식으로 나타내면 다음과 같단다.

에탄 $C_2H_6 + \frac{7}{2}O_2 \rightarrow 2CO_2 + 3H_2O + 372.82\text{kcal}$ ……… ①

에틸알코올 $C_2H_5OH + 3O_2 \rightarrow 2CO_2 + 3H_2O + 326.7\text{kcal}$ ……… ②

아세트알데히드 $CH_3CHO + \frac{5}{2}O_2 \rightarrow 2CO_2 + 2H_2O + 278.6\text{kcal}$ ………③

아세트산 $CH_3COOH + 2O_2 \rightarrow 2CO_2 + 2H_2O + 209.0\text{kcal}$ ………④

자, 이것으로부터 에탄이 점점 산화해 갈 때의 열을 계산해 보자.

①-②로부터 $C_2H_6 + \frac{1}{2}O_2 \rightarrow C_2H_5OH + 46.12\text{kcal}$

②-③으로부터 $C_2H_5OH + \frac{1}{2}O_2 \rightarrow CH_3CHO + 48.1\text{kcal}$

③-④로부터 $CH_3CHO + \frac{1}{2}O_2 \rightarrow CH_3COOH + 69.6\text{kcal}$

가 될 거야. 이처럼 모두 +로 열을 발생하는 거야.」

「조금씩 조금씩 열을 발생해 가는군요.」

「그렇지. 메탄도 마찬가지로 완만한 산화가 일어나지. 그 이유를 생각해 보렴.」

성수와 수진이는 다음과 같이 생각했고, 그 이름도 배웠다.

$$\begin{array}{ccccccc} \begin{array}{c} H \\ | \\ H-C-H \\ | \\ H \end{array} & \xrightarrow{+O} & \begin{array}{c} H \\ | \\ H-C-O-H \\ | \\ H \end{array} & \xrightarrow[-H_2O]{+O} & \begin{array}{c} H \\ | \\ H-C=O \end{array} & \xrightarrow{+O} & \begin{array}{c} O-H \\ | \\ H-C=O \end{array} \end{array}$$

메탄 메틸알코올 포름알데히드 포름산

「그럼 다른 탄화수소도 마찬가지예요?」

「그렇지. 탄화수소를

$$\begin{array}{c} H \\ | \\ R-C-H \\ | \\ H \end{array}$$

라는 일반식으로서 생각해 볼까.」

「이 R은 뭐예요?」

「음, R=H라고 하면 메탄이잖아. R=CH_3이라고 하면

$$\begin{array}{c} H\ \ H \\ |\ \ \ | \\ H-C-C-H \\ |\ \ \ | \\ H\ \ H \end{array}$$

가 되어 에탄일 거고. 이처럼 탄화수소로부터

$$\begin{array}{c} \mathrm{H} \\ | \\ -\mathrm{C}-\mathrm{H} \\ | \\ \mathrm{H} \end{array}$$

H를 뺀 나머지를 R로 생각하면 되는 거야.

자, 그러면

$$\mathrm{R}-\begin{array}{c}\mathrm{H}\\|\\\mathrm{C}\\|\\\mathrm{H}\end{array}-\mathrm{H} \xrightarrow{+\mathrm{O}} \mathrm{R}-\begin{array}{c}\mathrm{H}\\|\\\mathrm{C}\\|\\\mathrm{H}\end{array}-\mathrm{O}-\mathrm{H} \longrightarrow \mathrm{R}-\begin{array}{c}\mathrm{H}\\|\\\mathrm{C}\end{array}=\mathrm{O} \longrightarrow \mathrm{R}-\begin{array}{c}\mathrm{O}-\mathrm{H}\\|\\\mathrm{C}\end{array}=\mathrm{O}$$

로 산화가 진행한다는 거다.

그래서

$$\mathrm{R}-\begin{array}{c}\mathrm{H}\\|\\\mathrm{C}\\|\\\mathrm{H}\end{array}-$$

라는 것도 R의 일종이라고 할 수 있지. C의 수가 하나 더 많아.」

「아, 정말 그렇군요.」

「그러니까

R · H	탄화수소
R · OH	알코올
R · CHO	알데히드
R · COOH	카르복시산

라고 일반명을 붙여서 부를 수 있는 거야.」

「그렇군요.」

「이 R, 즉 탄화수소로부터 H가 빠진 원자단을 **알킬기**라고 했었지. 그러나 R로서 알킬기 이외의 원자단을 나타낼 때도 있단다. 예를 들면,

메틸렌기	$CH_2 =$
비닐기	$CH_2 = CH -$
페닐기	$C_6H_5 -$

등이야. 이는 폭넓게 **탄화수소기**라고 부르면 된단다.」

3. 백약의 으뜸인가 마법의 물인가? - 알코올과 그 한 무리

「그럼, 이번에는 알코올과 그 계열의 화합물에 대해서 알아보기로 하지. 보통 있는 알코올은 메탄계의 알킬기에 -OH가 1개 결합된 한 무리야.

메틸알코올(메탄올)	CH_3OH
에틸알코올(에탄올)	C_2H_5OH
프로필알코올(프로판올)	C_3H_7OH
⋮	
세틸알코올(1. 헥사데칸올)	$C_{16}H_{33}OH$
⋮	

와 같이 말이다.」

「(　　) 속의 이름은 무엇이죠?」

「이건 IUPAC 명명법이고, (　　) 앞의 이름은 관용명이야. IUPAC 명명법에서는 탄화수소의 이름 뒤에 "올"을 붙이면 된단다.」

「아, 그렇군요. 그걸 기억해 두면 도리어 쉽겠네요.」

「탄화수소는 프로판까지는 이성질체가 없었지만, 알코올에서는 프로필알코올에서부터 이성질체가 있단다. 즉

n-프로필알코올
(1-프로판올)

iso(이소)-프로필알코올
(2-프로판올)

「그럼 C의 수가 많으면 이성질체는 탄화수소보다 훨씬 많아지겠군요?」

「그렇지. 그런데 세틸알코올($C_{16}H_{33}OH$)과 같이 C가 훨씬 많은 알코올은 **고급알코올**이라고 한단다.」

「C의 수가 적은 건 **저급알코올**이라고 하겠네요?」

「그렇지. 알코올뿐만 아니라 C의 수가 많은 유기화합물은 고급이라고 해.」

「C가 몇 개일 때부터예요?」

「보통 6개쯤부터 고급이라고 한단다.」

「그럼 우리는 벌써 17살이니까 고급인간이라 해도 되겠네요.」

「글쎄다. 사람은 20살이 되지 않으면 성인이라 할 수 없으니까, 아직은 저급이겠지. 하하하」

「알코올은 고급과 저급의 두 가지밖에 없나요? 중급 같은 건 없어요?」

「그래, 중급알코올이라는 건 들어보지 못했어. 하지만 또 다른 분류법으로는 1가알코올, 2가알코올 등의 분류가 있단다. 이건 한 분자 속의 -OH의 수에 따라서 정하는 거야. 지금 든 것들은 모두 1가야. 다음과 같은 게 1가 이외의 알코올이란다.

「아, 글리세린도 알코올이에요?」

「그래, 글리세린은 화장품이나 치약에 들어가는데 단맛이 있지. -OH기는 단맛이 있거든. 하지만 에틸알코올은 달다고는 할 수 없어도 에틸렌글리콜이나 글리세린은 단맛이 있단다. 사실은 포도당도 6가알코올이란다.」

「그럼 C가 10개 있고, 그것에 모두 -OH가 결합하면 굉장히 달겠네요?」

「그렇게 간단하게 말할 수는 없지. C가 많아지면 물에 녹기 힘들다는 성질이 있으니까. 단맛은 설탕 정도로 충분할 거다.

자, 좀 귀찮겠지만 분류법에는 또 한 가지가 있어. 이런 거야.

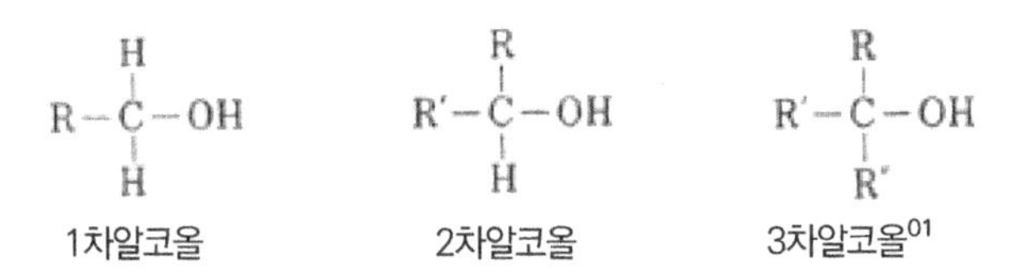

즉 −OH가 결합된 C에 H가 2개냐 1개가 결합하느냐 또는 H가 없느냐로 분류하는 거야.」

「아이고 복잡해라….」

「한마디로 알코올이라고 하지만 이렇게도 여러 종류가 있으니까 그 성질도 여러 가지란 말이지. 하지만 대표적인 것으로는 에틸알코올인데, 이것에 대해 좀 더 자세히 알아보기로 하자.

에틸알코올은 술의 발효로 예로부터 만들어지고 있었다는 건 앞에서도 이야기했지. 최근에 바이오매스 에너지라고 해서, 옥수수나 감자 등의 녹말로부터 발효법으로 에틸알코올을 만들어 자동차의 연료로 사용하려는 연구가 추진되고 있어.

그러나 에틸알코올은 석유를 출발물질로 해서 에틸렌에 수증기를 첨가하는 방법으로도 많이 만들어지고 있단다.

$$H-\overset{H}{C}=\overset{H}{C}-H + H-OH \xrightarrow[\text{촉매}]{\text{인산}} H-\underset{H}{\overset{H}{C}}-\underset{OH}{\overset{H}{C}}-H$$

01 일반적으로 1차알코올을 산화시키면 알데히드를 거쳐 카르복시산이 된다. 그러나 2차알코올을 산화시키면 케톤이 생기며, 3차알코올은 산화되지 않는다.

에틸알코올은 휘발성의 잘 타는 액체야. 화학적 성질로서는 나트륨과 반응하면 -OH의 H만이 치환되어서 나오는 거야.

$$2C_2H_5OH+2Na \rightarrow \underset{\text{나트륨에틸레이트}}{2C_2H_5ONa}+H_2$$

이 반응은 다른 알코올도 일으킬 수 있단다. 그러므로 이 반응을 이용해서 알코올인지 아닌지를 알 수가 있는 거야.

액체시료 속에 에틸알코올이 섞여 있는지 어떤지를 알려면, 탄산나트륨용액과 요오드를 가해서 가열하는 거야. 그러면 요오드포름 CHI_3이 침전하지. 이건 황색의 특유한 냄새가 약간 있기 때문에 조금만 있어도 알 수가 있단다. 이 반응을 **요오드포름 반응**이라고 한단다.

메틸과 에틸

에틸알코올은 술로 마시는 것 이외에는 연료나 용매로 사용되는데, 너희가 알코올램프에 쓰려고 사러 가면 값이 비싸서 손해를 보게 돼.」

「왜요?」

「그건 에틸알코올에는 주세(酒稅)가 부과되기 때문이야. 그러니까 변성알코올이라고 말하고서 사야 해. 변성알코올이라는 건 사람이 먹을 수 없게 독성이 있는 메틸알코올을 섞은 것이야. 이건 세금이 부과되지 않으니까 싸단다.」

「메틸알코올은 마실 수 없군요.」

「그래. 전쟁이 끝나고 물자가 아주 귀했을 때, 신문 지상에 살인소주를 마시고 죽었다는 기사가 실렸지. 즉 메틸알코올이 섞인 변성알코올로 만든 것이었을 거야.

이처럼 메틸알코올은 독성이 있기 때문에 많이 마시면 죽게 되고 적게 마신 경우에는 눈이 멀어버린단다.」

「그럼 술에 취한 사람이 온 천지가 뱅글뱅글 돌아간다는 건 왜 그렇죠? 그것도 독성이 돌아서 그런 건가요?」

「하하하. 취하거나 눈이 뱅글뱅글 돌아가는 원인은 알코올이 몸속에서 산화해서 생기는 알데히드 때문이라고 하니까, 그럼 이야기를 그쪽으로 돌려볼까.」

4. 귀에 선 이름의 화합물 - 알데히드와 케톤 계열

「에틸알코올이 산화하면 아세트알데히드가 된다는 건 앞에서 말했지. 메틸알코올의 경우에는 포름알데히드가 되는 거야.

$$\text{H}-\underset{\text{H}}{\overset{\text{H}}{\text{C}}}-\text{O}-\text{H} \xrightarrow[-H_2O]{+O} \text{H}-\overset{\text{H}}{\text{C}}=\text{O}$$

포름알데히드

이 포름알데히드의 수용액이 포르말린이야.」

「그거라면 제게 맡기세요. 페놀포르말린수지를 만드는 데 쓰니까요. 수진아. 언젠가 실험실로 찾아왔을 때 눈물을 흘린 적이 있잖아. 굉장히 자극이 센 냄새가 나는 거 말이야.」

「그랬니? 그런데 이건 또 단백질을 응고시키는 성질이 있기 때문에 방부제나 소독에도 쓰인단다. 메틸알코올을 마시면 죽는 것도, 몸속에서 이 포름알데히드가 생기기 때문이야.

포름알데히드는 지금 성수가 하고 있는 것처럼 합성수지의 원료로 많이 쓰이고 있어. 요즘에는 여러 가지 플라스틱이 있는데 그 원료는 페놀산포르말린수지(페놀수지)란다. 요소수지, 멜라닌수지를 만드는 데도 포르말린이 필요하지.」

「그래요. 멜라닌수지라는 건…」

「잠깐, 성수가 수지 이야기에 신바람이 나는 건 알겠지만, 지금은 좀 참아. 우선 알데히드 이야기를 듣자.」

「응…….」

「자, 그럼 알데히드의 일반식을 생각해 볼까. 알코올로부터 이런 반응에 의해서 생긴다고 말할 수 있겠지.

$$R-\underset{H}{\overset{H}{\underset{|}{\overset{|}{C}}}}-O-H \xrightarrow[-H_2O]{+O} R-\overset{H}{\overset{|}{C}}=O$$

이 -CHO라는 기를 **알데히드기**라고 한단다. 그래서 이게 결합된 화합물은 모두 알데히드계열에 속하는 거야. 이런 이유로 알데히드계열의 화합물이 많은 거란다. 이 알데히드기는 환원성이 있으므로 질산은에 암모니아수를 가한 액에 넣으면 은이 환원되어 나온단다. 유리 시험관이나 비커 속에서 반응시키면 유리 안쪽에 은이 석출되어 맑은 거울이 되는 거지. 그래서 이걸 **은거울 반응**[02]이라고 부르는 거야.」

「거울은 이렇게 해서 만드는 거예요?」

「원리는 그렇지만, 실제로는 매우 미묘한 기술이 필요해서 생산업자마다 비밀로 하고 있단다. 너희도 해 보렴. 질산은에 암모니아수를 가하는 양만 하더라도 생성되는 은막에 얼룩이 생기거나, 검은 줄무늬가 생기거나, 또는 은막의 색조가 흰빛을 띠거나, 푸른빛을 띠거나 하며 똑같은 방법으로 한 셈인데도, 그때마다 완성상태가 다르게 되거든.

02 암모니아성 질산은 용액을 환원해 은을 석출하는 은거울 반응을 일으키는 물질로 포름알데히드, 아세트알데히드 및 포름산 그리고 포도당, 과당과 같은 환원성 유기물질이 있다.

환원제도 포르말린처럼 환원력이 센 것보다는 포도당 정도의 것이 좋아. 포도당 속에는 알데히드가 있으므로 환원성을 나타내거든.

거울을 제조하는 업자들은 당액을 몇 달 동안 저장해 두었던 비법의 환원액을 쓴다는 거야. 오랜 시간 동안에 미묘한 변화가 일어나서 좋은 거울을 만들 수 있는 독특한 환원액이 만들어지는 거겠지. 술이나 간장, 된장 등도 마찬가지지만 아직은 화학적인 연구가 충분하지 않다는 거야.」

「그렇다면 거울의 제조에도 아직 연구할 부분이 많다는 말이네요.」

「그렇지. 그런데 알코올을 분류할 때 1차알코올, 2차알코올 등이 있었잖아. 여기서 말한 알데히드가 생기는 건 1차알코올을 산화했을 때야. 2차알코올을 산화하면 어떻게 될까?」

「2차알코올이라면 이렇게 되겠지요.

$$R-\underset{\underset{H}{|}}{\overset{\overset{R'}{|}}{C}}-O-H \xrightarrow[-H_2O]{+O} R-\overset{\overset{R'}{|}}{C}=O$$

아, H가 없어져 버리네. 이건 틀린 거 아니에요?」

「아니야, 옳아. 즉 1차알코올을 산화하면 알데히드가 되지만, 2차알코올을 산화하면 알데히드로는 되지 않는 거야. 이 =CO라는 기를 **카르보닐기**라고 하는데, 이게 결합된 화합물은 **케톤**이라고 불리는 계열인 거야.」

「케톤이라고요?」

「그래, 가장 간단한 케톤은 이것이지.」

$$\begin{matrix} CH_3 \\ CH_3 \end{matrix} \!>\! CO$$ 아세톤, (디메틸케톤)

「아, 아세틸렌을 잘 녹이니까 봄베에 넣는다는 그거 말이군요.」

「그렇단다.」

「그렇다면 아세톤은 이소프로필알코올을 산화하면 생기는 거군요?」

$$H_3C-\overset{\displaystyle CH_3}{\underset{\displaystyle H}{\overset{|}{\underset{|}{C}}}}-O-H \xrightarrow[-H_2O]{+O} \begin{matrix} CH_3 \\ CH_3 \end{matrix} \!>\! C=O$$

「그렇지, 공업적으로는 프로필렌으로부터 이소프로필알코올을 만들고 이걸 산화하고 있지. 옛날이야기를 하자면, 목재를 건류했을 때 나오는 액체 속에는 아세트산이 들어 있는데 이걸 석회수로 중화시켜 아세트산칼슘을 만들고 이것을 가열해서 아세톤을 만들었지.

$$Ca(CH_3COO)_2 \longrightarrow CaCO_3 + \begin{matrix} CH_3 \\ CH_3 \end{matrix} \!>\! CO$$

아세톤은 페인트의 용제 등에 쓰인단다.」

「그럼 3차알코올의 경우에는 무엇이 생기죠?」

「탈수되는 위치에는 이젠 수소가 더 없잖아 그러므로 산화되기 어렵게 돼. 만약 산화해서 R 속의 다른 H가 -OH로 되면 2가의 알코올이 되지 않겠니.」

「아, 그렇군요.」

「그럼, 2가알코올 이야기보다, 알데히드가 더 산화한 걸 이야기해 볼까.」

5. 부엌에 있는 아세트산(식초)의 한 무리 – 카르복시산

「아세트알데히드로부터 아세트산이 생성된 셈인데, 일반식으로 생각해 보기로 하자.

$$R-\overset{\overset{H}{|}}{C}=O \xrightarrow{+O} R-\overset{\overset{O-H}{|}}{C}=O$$

가 되지. 이 –COOH라는 기를 **카르복시기**라 하고, 이것이 결합한 화합물을 **카르복시산**이라고 해.

유기화합물은 물에 녹지 않는 게 많고, 녹아도 이온화하지 않는 게 많아. 그러나 이 중에서 카르복시기는 이온화하는 거란다.

$$R-C\begin{matrix}\diagup O-H\\ \diagdown\!\!\diagdown O\end{matrix} \longrightarrow R\cdot C\begin{matrix}\diagup O^-\\ \diagdown\!\!\diagdown O\end{matrix} + H^+$$

이렇게 H^+를 내놓기 때문에 산의 한 무리라고 할 수 있는 거야.」

「R은 알킬기죠. 그럼 역시 메탄계탄화수소에 해당하는 카르복시산이 있는 거군요.」

「그래, 그렇지. 가장 간단한 게 포름산 HCOOH이고, 다음이 아세트산 CH_3COOH, 그다음이 프로피온산 등으로 많이 있는데, 이런 한 무리를 **지방산**이라고 해. 그 의미는 유지 속에 이 계열의 고급지방산이 있기 때문이야. 흔히 있는 게

팔미트산	$C_{15}H_{31}COOH$
스테아르산	$C_{17}H_{35}COOH$
올레산	$C_{17}H_{33}COOH$
리놀레산	$C_{17}H_{31}COOH$
리놀렌산	$C_{17}H_{29}COOH$

등이지.」

「왜 C_{17}은 같은데 H가 다르죠?」

「C_nH_{2n+1}-은 이중결합이 없는 알킬기이고, 그 밖에 이중결합이 1개 있는 것, 2개 있는 것, 3개 있는 것 등이 있단다. 이를 불포화지방산이라고 한단다.」

「그럼 팔미트산 등은 포화지방산이네요?」

「그렇지. 알코올에 1가알코올, 2가알코올 등이 있듯이 카르복시산에도 1가, 2가 등이 있어. 그건 다음과 같아.

2의 카르복시산,

옥살산(수산)	COOH
	|
(oxalic acid)	COOH
말산(사과산)	CH(OH)·COOH
	|
(malonic acid)	CH_2 COOH
타르타르산(주석산)	CH(OH) COOH
	|
(Tartaric acid)	CH(OH) COOH

「어, 말산이나 타르타르산에도 -OH기가 있군요. 알코올이라고 해도 되는 거예요?」

「**옥시카르복시산**이라고 하지. 과일의 맛있는 신맛은 옥시카르복시산 때문이야.」

「그렇군요….」

「하하하, 그뿐인 줄 아니? 약이 되는 카르복시산도 있단다. 벤젠핵에 카르복시기가 결합된 화합물을 방향족 카르복시산이라고 하지.

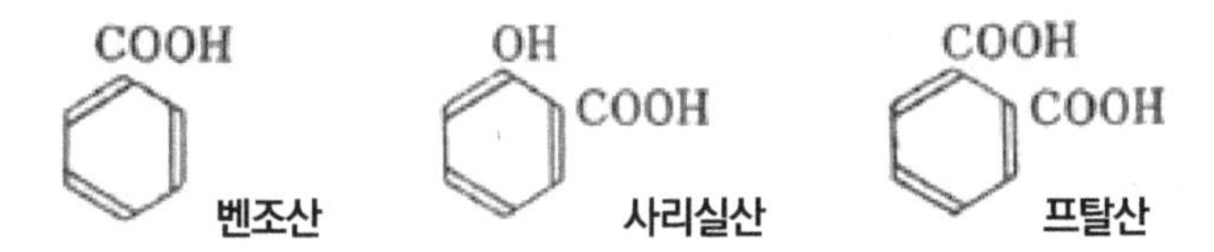

등이야. 프탈산은 합성수지(알키드수지)의 원료이고, 살리실산은 피부에 바르는 약이 되는 살리실산메틸이나 해열진통제로 쓰이는 아세틸살리실산의 원료야. 이 아세틸살리실산의 아세틸이라는 건 아세트산이온에서 비롯된 거야. 그러니까 이 약은 아세트산이라는 지방산과 살리실산이라는 방향족 카르복시산으로부터 만들어지는 거란다.」

「네? 산과 산이 결합하는 거예요?」

「이걸 알아보기 위해 다음 그룹으로 넘어가자.」

V. 알코올이나 카르복시산으로부터 유도되는 화합물

1. 향기가 좋은 화합물의 계열 – 에테르와 에스테르

「앞에서 에틸렌을 만들 때 에틸알코올을 진한 황산과 함께 가열한다는 걸 기억하겠지. 그런데 이번에도 마찬가지지만 온도가 다르단다.

이처럼 130℃ 정도에서는 에틸알코올 2분자로부터 물 1분자가 빠져

$$H-\underset{H}{\overset{H}{C}}-\underset{OH}{\overset{H}{C}}-H \xrightarrow[160^\circ C]{-H_2O} H-\overset{H}{C}=\overset{H}{C}-H$$

에틸렌

$$H-\underset{H}{\overset{H}{C}}-\underset{H}{\overset{H}{C}}-O-H \quad H-O-\underset{H}{\overset{H}{C}}-\underset{H}{\overset{H}{C}}-H \xrightarrow[130^\circ C]{-H_2O}$$

$$H-\underset{H}{\overset{H}{C}}-\underset{H}{\overset{H}{C}}-O-\underset{H}{\overset{H}{C}}-\underset{H}{\overset{H}{C}}-H$$

에틸에테르

나가서 에틸에테르라고 하는 화합물이 생기는 거야. 온도가 좀 높아서 160℃ 정도가 되면 에틸알코올 1분자로부터 물 1분자가 빠져나가 에틸렌이 생성되는 거지.」

「와! 꽤나 미묘한 거군요.」

「이렇게 해서 -O-라는 다리로 두 알킬기가 연결된 R-O-R'라는 형태의 화합물을 만드는데, 이걸 **에테르**라고 한단다.」

「R과 R'처럼 두 가지 알킬기가 다른 경우에도 되는 거군요.」

「그래, 다른 경우가 더 많아. 다른 걸 비대칭에테르, 같은 걸 대칭에테르라고 부르기도 하지.」

「그럼, 비대칭에테르는 두 종류의 다른 알코올의 화합물을 진한 황산과 함께 가열해서 만드는 거예요?」

「아니야. 이 경우는 알코올에 Na를 반응시켜서 생기는 알코올레이트 R-ONa와 탄화수소에 할로겐을 작용해서 얻은 할로겐화알킬 R'-X로부터 만들어진단다.

$$R\text{-}ONa + R'\text{-}X \rightarrow R\text{-}O\text{-}R' + NaX$$

와 같이 일반식으로 나타낼 수 있지. 이걸 실제의 예로 들면

$$\underset{\text{나트륨에틸레이트}}{C_2H_5ONa} + \underset{\text{브롬화메틸}}{CH_3Br} \rightarrow \underset{\text{메틸에틸에테르}}{C_2H_5OCH_3} + NaBr$$

와 같이 되는 거야.」

「그렇군요.」

「일반적으로 에테르는 휘발하기 쉽고 물에 녹기 어려우며 화학반응을 일으키기 어렵단다. 메틸에테르는 끓는점이 -24.9℃, 에틸에테르는 34.5℃야.」

「알코올은 물에 잘 녹는데 이것으로부터 만들어지는 에테르가 물에 녹지 않는다니 참 이상하네요.」

「알코올도 고급이 되면 물에 녹지 않지만, 메틸알코올이나 에틸알코올은 물에 잘 녹지. 이건 메틸알코올이나 에틸알코올의 분자가 물분자와 형태가 비슷해서 물분자 사이에 잘 끼어들 수 있기 때문이야.

그런데 R이 커지면 -OH의 성질보다 R의 성질이 커지게 돼. 에테르에는 이미 -OH가 없어.

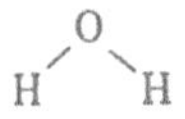

O
H H
물

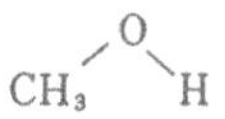

O
CH_3 H
메틸알코올

즉, -OH가 물과 친화성이 있고, 또 화학반응을 일으키기 쉬운 부분이란다.

「아, 과연….」

「에테르는 용제나 마취제로 쓰이지. 그리고 에테르와 마찬가지로 물에 녹기 어려운 **에스테르**라는 화합물도 있어. 앞에서 말한 아세틸살리실산도 이 계열의 화합물이란다. 성수가 산과 산이 반응하느냐고 물었는데, 이건 산과 알코올의 반응이야.

$$R-C(=O)-OH + H-O-R' \longrightarrow R-C(=O)-OR' + H_2O$$

이런 반응이 일어나는 거야. 에테르가 생길 때도 그렇지만 이처럼 물 분자가 빠져나가고 2개의 분자가 결합하는 걸 축합이라고 했지.

대표적인 에스테르는 아세트산에틸이야. 아세트산과 에틸알코올을 진한 황산과 함께 가열하면 돼.

$$CH_3COOH + C_2H_5OH \rightarrow \underset{\text{아세트산에틸}}{CH_3COOC_2H_5} + H_2O$$

에스테르의 일반적인 성질도 에테르와 비슷해서 휘발하기 쉽고 물에 녹질 않아. 특별한 성질로는 향기가 좋다는 거야. 예를 들면

아세트산에틸 → 사과

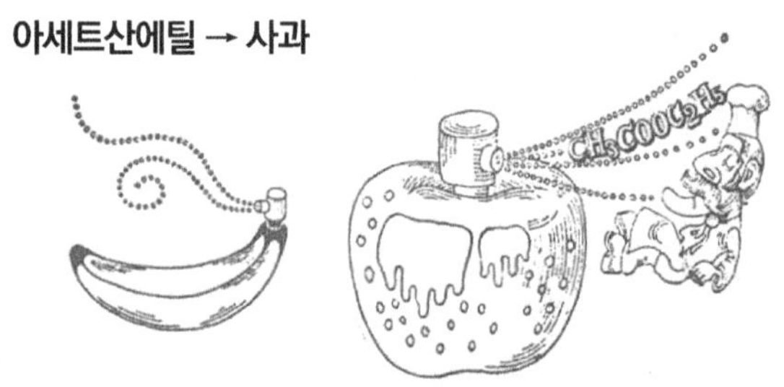

아세트산아밀 → 배

부티르산에틸 → 파인애플

부티르산아밀 → 바나나

앞에 나타낸 것처럼 과일 향기와 비슷하단다. 물론 천연 과일의 향기는 여러 가지 화합물이 혼합된 것이니까 이 향기와 같다고는 할 수 없지. 하지만 인공향료로서 널리 쓰이고 있단다.」

「와! 그럼 꽃향기 같은 것도 모두 에스테르예요? 」

「글쎄다. 휘발성이고 향기가 있는 것에는 알코올, 에테르나 에스테르 계열이 많으니까, 그런 게 몇 가지가 섞여 있을 거야.

장미의 향기는 게라니올, 시트로넬롤[01] 등의 고급알코올이라고 하며, 게라니올은 차의 향기 속에도 있다고 하더군.」

「난 화학을 공부하더라도 성수처럼 눈물이 나는 포르말린을 쓰는 것보다는 향기가 나는 게 좋아.」

「향수의 화학은 어떨까? 향수는 아직도 인간의 코로 냄새를 맡아서 조합한다니까 화학이 끼어들 여지가 많잖아요?」

「그래, 나쁘지 않겠네.」

「자, 그럼 본론으로 돌아가자. 에스테르는 알칼리에는 약해서 금방 분해돼.

$$RCOOR' + NaOH \rightarrow RCOONa + R'OH$$

이런 반응을 **비누화**라고 해.」

「비누화라고요? 신발 이름 같은데……. 왜 그런 이름이 붙여졌죠?」

01 게라니올(geraniol)은 $C_{10}H_{18}O$로써 장미, 게라늄유, 시트로넬롤유 등의 주성분이며 시트로넬롤(citronellol)은 $C_{10}H_{20}O$로 게라니올과 함께 대개 식물의 정유(精油) 속에 들어 있다.

「알칼리와 알코올이 싸웠다고 생각하면 어떨까. 먼저 알코올이 산과 결합해서 에스테르가 돼 있었단다. 거기에 마찬가지로 -OH를 가진 알칼리가 와서 "야! 산을 내게 줘!"하고 빼앗아 버린 거야. 그리고 R에는 -OH를 줘버리듯이 말이야. 알코올보다 알칼리 쪽이 세니까 싸움에서 이기는 거지.」

「그렇군요….」

「이건 비누를 만드는 반응이니까 비누화라고 하는 거야.」

「비누요? 그럼 비누도 에스테르란 말이에요?」

「아니야, 비누는 에스테르가 아니야. 비누의 원료가 되는 유지가 에스테르지. 페트(요리에 쓰이는 쇠기름)나 라드(돼지기름)와 같은 동물성지방도 평지씨앗이나 참깨기름 같은 유지도, 고급지방산과 글리세린이라는 3가알코올의 에스테르야. C원자가 15개나 17개 연결된 고급지방산의 알킬기를 R_1, R_2, R_3으로 나타낸다면, 글리세린은 $C_3H_5(OH)_3$이므로 이 에스테르는

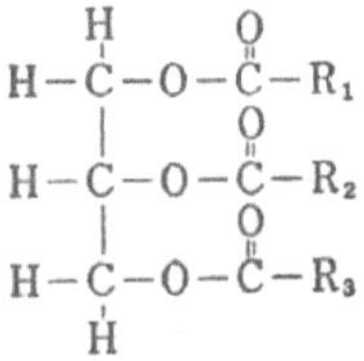

$$
\begin{array}{l}
\quad\ \ \mathrm{H} \qquad\ \ \mathrm{O} \\
\mathrm{H-\overset{|}{C}-O-\overset{\|}{C}-R_1} \\
\quad\ \ | \qquad\ \ \mathrm{O} \\
\mathrm{H-C-O-\overset{\|}{C}-R_2} \\
\quad\ \ | \qquad\ \ \mathrm{O} \\
\mathrm{H-C-O-\overset{\|}{C}-R_3} \\
\quad\ \ \mathrm{H}
\end{array}
$$

인 셈이야. 이걸 NaOH로 비누화하면

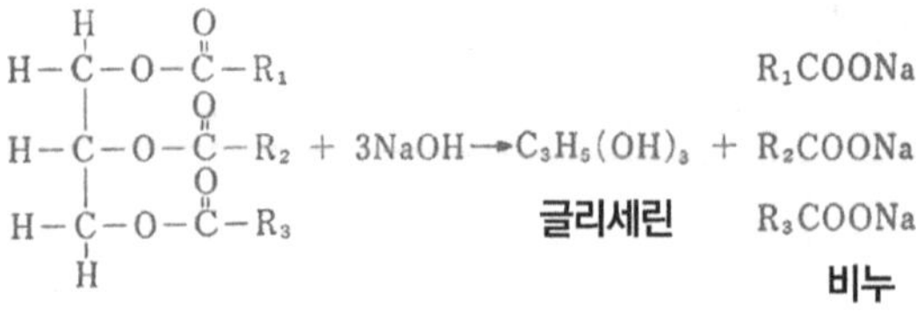

$$
\begin{array}{lll}
\mathrm{H-C-O-CO-R_1} & & \mathrm{R_1COONa} \\
\mathrm{H-C-O-CO-R_2} + \mathrm{3NaOH} \rightarrow & \mathrm{C_3H_5(OH)_3} + & \mathrm{R_2COONa} \\
\mathrm{H-C-O-CO-R_3} & \text{글리세린} & \mathrm{R_3COONa} \\
 & & \text{비누}
\end{array}
$$

와 같은 비누화반응으로 본래의 글리세린과 고급지방산 나트륨이 생성되는 거야. 이 고급지방산나트륨의 혼합물이 비누란다.」

「R_1이나 R_2는 한 종류의 유지 속에서는 딱 무엇이라고 정해져 있는 건 아니에요?」

「그렇지 않아. 예를 들면 평지 씨앗으로 짠 기름은 포화지방산(팔트미산, 스테아르산)이 3~7%, 올레산이 12 ~18%, 리놀레산이 12~16%, 리놀렌산이 7~9%로 되어 있거든. 즉 유지는 여러 종류의 고급지방산인 글리세린에스테르의 혼합물인 거야.」

「그럼, 비누화값이니 요오드화값이니 하는 건 뭐죠?」

「유지는 혼합물이었지. 그러므로 반응식으로부터 계산해서 비누화하는 데 필요한 NaOH의 양을 산출할 수는 없거든. 그래서 실험으로 결정하는 거야.

유지 1g을 완전히 비누화하는 데 필요한 KOH의 mg 수를 **비누화값**이라고 정하고 있지. 평지씨앗으로 짠 기름의 비누화값은 169~177이야. 즉 평지씨앗기름 1g을 비누화하는 데는 KOH가 169~177mg이 필요하다는 거야.」

「그럼 요오드화값은요?」

「100g의 유지에 첨가하는 요오드의 그램 수란다. 즉 이중결합의 수에 비례하는 값이야.」

「비례한다고요? 아, 그렇지! 이중결합 1개에 I_2가 1분자 첨가되는 거죠. 그렇다면 I의 원자량이 127이니까 I_2는 254, 요오드화값이 254이면 요오드가 1몰 첨가되는 셈이니까 이중결합도 100g의 기름 속에 1몰이 있다는 거네요.」

「그래, 그렇지. 이중결합이 1몰이라는 건 이상하지만, 6×10^{23} 군데가 있다고 바꾸어 말하면 되겠지. 유지는 혼합물이므로 분자량을 알 수 없어. 그러니까 몰수도 알 수 없는 거야. 따라서 역시 실험값으로 구한 요오드값을 사용할 수밖에 없는 거지.」

「아, 모처럼 좋은 착상을 했는데…….」

「그래, 착상만 해도 잘한 거야. 이 요오드값이 큰 기름은 공기 속에 오래 두면 이중결합 부분이 산화되어 이웃 분자의 이중결합과의 사이에 -O-의 다리가 놓여서 전체적으로는 분자가 움직일 수 없는 상태가 돼. 그래서 건성유[02]라는 페인트의 원료가 된단다. 하긴 요즘에는 여러 가지 합성수지의 페인트가 있으니까 기름이 쓰이지 않는 것이 많지만….

자, 에스테르의 이야기를 많이 한 것 같군. 다음으로 넘어갈까.」

「잠깐만요, 삼촌. 비누화값에서는 유지 1g을 비누화하는 거죠? 요오드화값에서는 유지 100g을 첨가한다고 하셨고요. 왜 모두 1g이든지 100g이든지 하나로 통일하지 않는 거예요?」

「그건 옛날 사람들이 그렇게 정해 놓았으니까 어쩔 수 없는 거란다. 비누를 만드는 데는 NaOH를 쓰지. 그런데 비누화값은 KOH로 나타내지 않니. 그러니까 비누를 만들 때는 KOH를 NaOH로 환산해야 하는 거야.

---

02 보통 고체의 지방인 쇠기름의 요오드화값은 26~50이지만, 액체의 건성유인 올리브유는 79~88, 액체의 반건성유인 면실유는 108~110, 액체의 건성유인 아마유는 168~172다.

귀찮겠지. 그런데 이것에는 몇 가지 이유가 있단다. NaOH는 조해성(潮解性)이 있어서 무게를 재고 있는 동안에 자꾸 수분을 흡수해서 무게가 증가하기 때문에 측정이 힘들게 된단다. KOH는 NaOH 정도는 아니거든.

하지만 이것도 확실한 이유라고 말할 수는 없어. 어쨌든 옛날부터 그렇게 정해져 있는 거라고 생각하면 되겠지.

전류에서도 마찬가지야. +에서 -로 흐른다고 하지만 사실은 -의 전자가 + 쪽으로 흐르거든. 만약 처음부터 +와 -를 반대로 했더라면 이처럼 두 번 수고하지 않아도 되겠지.」

「아, 그랬었군요. 늦게 태어나면 손해구나.」

「그럼, 다음으로 넘어간다.」

「아, 잠깐만요.」

「또 뭐 모르는 게 있니?」

「잊으셨나요? 아세틸살리실산의 이야기를 하다가 에스테르로 넘어갔는데, 그 이야기를 마저 해주셔요.」

「아, 그랬지. 살리실산이라는 건

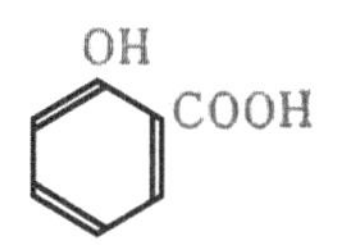

였지. 즉 카르복시기와 -OH기의 두 가지를 갖고 있는 분자야. 그러니까 알코올과도 반응해서 에스테르를 만들고 카르복시산과도 반응해서 에스테르를 만드는 등, 말하자면 쌍갈잡이인 거지.」

「과연…….」

「말하자면 메틸알코올과 반응하면

$$C_6H_4(OH)COOH + CH_3OH \longrightarrow C_6H_4(OH)COOCH_3 + H_2O$$

살리실산메틸

이 된단다. 이건 피부약에 흔히 들어있는 거야. 아세트산과 반응시키면

$$C_6H_4(OH)COOH + CH_3COOH \longrightarrow C_6H_4(O \cdot CO \cdot CH_3)COOH + H_2O$$

아세티살리실산

이 되지. 이건 아스피린이라는 상품명이 화학명보다 더 잘 알려져 있는 해열진통제야.」

「정말 약이란 생각보다 간단히 만들어지는군요.」

「아니야. 이런 간단한 것만 있는 게 아니야. 더 복잡한 방법으로 만들어지는 게 훨씬 더 많지. 너희가 유기화학의 기초에서 배우는 거로는 이런 정도라는 거다.」

「네, 알았어요. 우리는 아직 1학년이니까 이걸로 만족할게요.」

2. 히드록시기(-OH)가 있어도 산성! - 페놀계열의 화합물

「자 그럼, 성수가 연구하고 있는 수지의 원료인 페놀 이야기를 시작할까.」

「네, 페놀이라는 건 연한 복숭아색의 깨끗한 바늘 모양의 결정이에요. 그러나 종이 위에 꺼내 놓을 수 있는 것이 아니고, 병 속에 사탕처럼 굳혀져 있는 상태의 결정이거든요. 병원의 소독약 냄새가 나고 손에 닿으면 피부가 하얗게 되죠. 그러므로 실험에 사용할 때는 물중탕(water bath)에 병 채로 넣어서 데운 다음 액체로 된 걸 받아서 쓰는 거예요.」

「그래, 성수는 역시 그걸 늘 다루고 있으니까 잘 알고 있구나. 녹는점이 43℃이니까 조금만 데워주면 된다. 성수는 연한 복숭아색 결정이라고 했지만 순수한 건 무색이야. 그러나 공기에 닿으면 차츰 붉은색을 띠게 된단다.」

「맞아요. 병을 갓 열었을 때는 아주 연한 분홍색인데 시간이 지나면 진해져요.」

「닿으면 피부가 하얗게 된다고 했는데, 그건 단백질을 응고하는 작용이 있기 때문이야. 그래서 소독에 쓰이는 거다.

자, 그럼 화학적 성질은 어떨까. 앞에서 아세틸살리실산 이야기를 했을 때 설명한 것을 떠올려보자. -OH가 있기 때문에 알코올로서 작용하여 산과 반응하면 에스테르를 만들었지. 이건 페놀의 경우에도 마찬가지인데, 이 벤젠핵에 결합한 -OH기는 알킬기에 결합되어 있는 -OH와는 다른 성질을 나타내거든. 그건 물에 녹으면 아주 조금이기는 하지만 이온화되어 H^+를 생성한단다. 즉 산성을 나타내는 거야.」

「네? 무기화합물에서는 -OH는 알칼리성을 나타내고, 알코올에서는 중성이고, 페놀에서는 산성이라는 거예요?」

「이상하네, 왜 그렇게 되죠?」

「이렇게 생각해 보기로 하자. 지금 어떤 것에 -OH가 결합되어 있는데 이걸 XOH라고 하자. 만약 X가 전자를 꺼리는 성질이 있으면 X로부터 떨어져 나간 전자가 -OH 쪽으로 옮겨가서

$$X \cdot OH \rightarrow X^+ + OH^-$$

가 된다. 즉 알칼리성을 띠게 되는 거지.

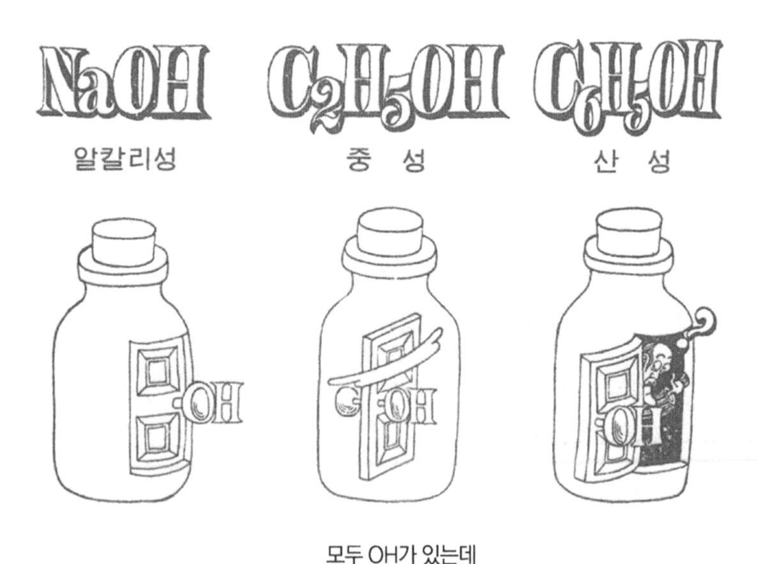

모두 OH가 있는데

무기의 수산화물인 경우, 대체로 X는 금속인데, 금속은 +이온이 되는 경향이 있잖아. 따라서 전자가 $-OH$ 쪽으로 이동하기 때문에 OH^-가 생겨서 알칼리성을 나타내는 거야. 그러나 무기의 산인 경우에는 사실은 $-OH$가 있는 게 많은 거야.

H－O－N(=O)(=O) 질산   (H－O)(H－O)S(=O)(=O) 황산

처럼 말이야. 이 경우 중심이 되고 있는 것이 황산 비금속원소여서 전자를 받아들이는 경향이 있잖아? 그러니까 전자는 이 중심원소 쪽으로 쏠리고 H^+이 이온화되기 쉬운 거지. 이런 이유로 산성을 나타내는 거야.」

「양쪽 원소라는 것도 있잖아요?」

「그래, 이 경우는 중심으로 되어 있는 원소의 성질보다, 주어진 환경의 영향이 더 세게 작용하는 거야. 이런 식으로 말이야.

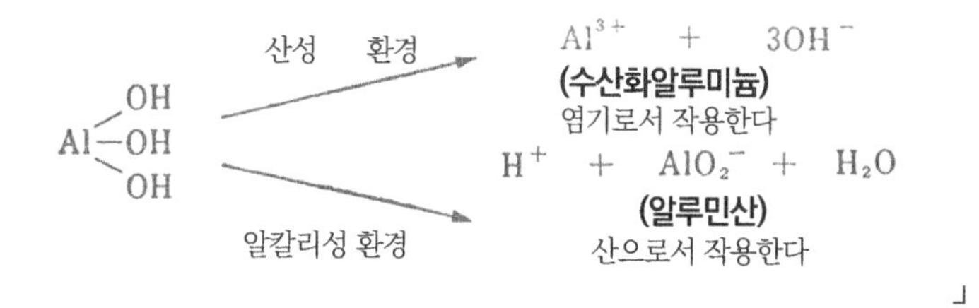

」

「환경에 좌우되다니 주체성이 없군요.」

「그런 건 아니야. 그럼 다음에는 벤젠핵에 대해서 생각해 보자.

벤젠에서는 C의 6각의 평면 아래위에 파이(π)전자가 고리 모양으로

있었지. 이 금속덩어리 속 자유전자와 비슷한 전자구름 속에 다시 전자가 들어갈 수 있는 여지가 있다고 생각하렴. 그래서 -OH 중의 전자가 6각 쪽으로 들어갈 가능성이 있고, 이때 전자를 잃은 H^+가 생기는 거야.」

「그럼 파이결합의 전자 때문이에요?」

「이런 이유로 페놀은 산성을 띠게 되는 거야. 구체적으로는 알칼리와 중화해서 염을 만드는 거지.」

OH　　　　　　　　　　　　　ONa

(벤젠고리) + NaOH ⟶ (벤젠고리) + H_2O

나트륨페놀레이트

「그리고 상대가 산일 때는 에스테르를 만든다니까 정말 재미있군요. -OH라고 쓰면, 이미 고정된 가지처럼 생각되는데 상대에 따라서 행동이 달라지는군요.」

「그러니까 왜, 선생님 앞에서는 꼼짝도 못 하면서 여학생들에게는 착한 체하고 남자친구들 사이에는 깡패나 된 것처럼 뻐기는 애들도 있잖아?」

「얘! 너 이상한 말을 한다. 그런 건 여학생 중에도 있어!」

「자, 자, 그만둬라. 그런 싸움은 다른 데서 하렴. 지금은 화학 이야기를 하고 있는 거야. 하하하.

페놀은 석탄을 건류해서 생기는 콜타르 속에 있단다. 그러나 성수가 연구하고 있는 수지의 원료라든가, 피크르산 폭약이나 나일론의 원료 등

용도가 넓기 때문에, 콜타르에서 얻는 것만으로는 도저히 부족하단 말이지. 그래서 벤젠으로부터 합성하는 거란다. -OH를 직접 결합할 수가 없기 때문에 몇 단계의 반응을 거쳐서 만드는 거지.

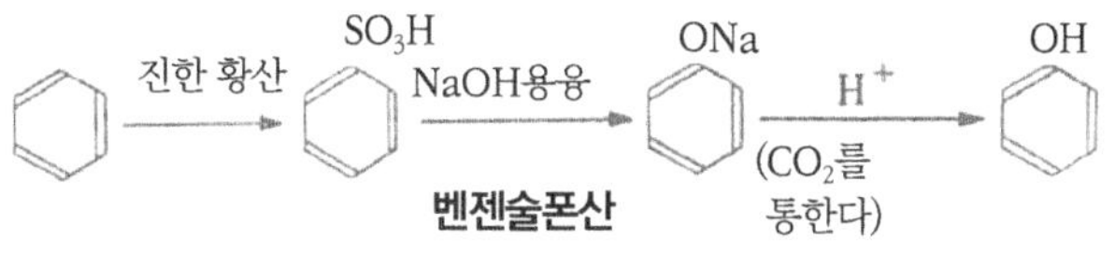

진한 황산 → SO_3H (벤젠술폰산) NaOH용융 → ONa H^+ (CO_2를 통한다) → OH

이런 과정을 거치는 거야. 제1단계에서 벤젠을 진한 황산으로 가열하고, 제2단계에서는 벤젠술폰산을 NaOH와 가열해서 용융하고, 제3단계에서는 나트륨페놀레이트를 수용액으로 만들고 CO_2를 통하는 거야. 즉 탄산이라는 약한산으로 더욱 약한산인 페놀을 빼내는 거야. 최근에는 클로로벤젠으로부터 만드는 방법,

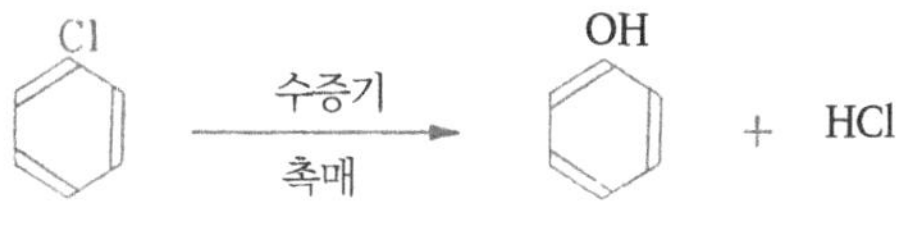

Cl 수증기 촉매 → OH + HCl

또 프로필렌과 벤젠으로부터 페놀과 아세톤을 얻는 방법도 있단다.」

「아, 난 어려워서 이해가 잘 안 되는데….」

「우는 소리 하지 마. 그런데 삼촌, 유기화합물로서 알칼리가 되는 건 없나요?」

「그럼 한 가지만 더 이야기하고 잠깐 쉬도록 하자.」

3. N을 포함한 화합물

「수진이는 집에서는 파랑이나 빨강, 초록색 등 예쁜 색의 옷을 입겠지. 이런 아름다운 색의 옷을 입을 수 있는 것도 사실은 벤젠핵 덕분이야. 즉 요즘에는 수백 종류의 합성염료가 만들어지고 있는데, 그 대부분은 벤젠핵을 포함한 화합물이야.

요즘 TV의 사극에 등장하는 인물들이 아름다운 색의 옷을 입고 있는 경우가 있는데, 그건 엉터리일 거야. 옛날에는 귀족은 별도로 하고 서민들은 흰색이나 감색 등 단조로운 색의 옷을 입었지. 합성염료가 만들어지게 된 건 19세기 중엽부터니까.

어쨌든 우선 그 첫걸음부터 시작하자. 벤젠을 진한 황산, 진한 질산의 혼합산과 가열하면

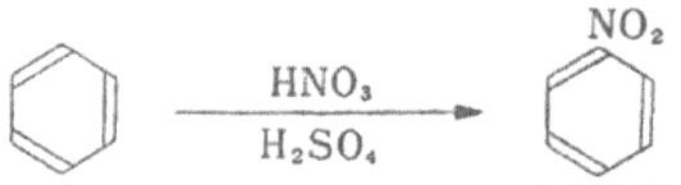

HNO_3

H_2SO_4

NO_2

니트로벤젠

니트로벤젠이 생기는데, 이건 황색의 기름상태 물질이야.

이걸 철과 염산(발생기 상태의 수소)으로 환원하면 아닐린이 되지.

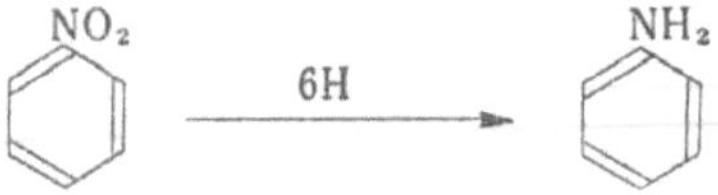

NO_2

6H

NH_2

아닐린

자, 이 아닐린이 성수가 말하는 유기의 염기야. H^+를 흡수한다고 해서 염기지. 즉 물에는 녹지 않지만 산과 반응해서 염을 만들어서 녹는 거란다.

$$C_6H_6 \xrightarrow[H_2SO_4]{HNO_3} C_6H_5NO_2$$

염산아닐린

이 염산아닐린을 산화제와 가열하기만 해도 아닐린블랙이라는 검정 염료가 만들어져. 또 아질산나트륨과 염산을 작용하면

$$C_6H_5NH_2 + NaNO_2 + 2HCl \longrightarrow C_6H_5N{\equiv}NCl + NaCl + 2H_2O$$

염화벤젠디아조늄

라는 반응으로 -N≡N-의 결합을 갖는 화합물이 돼. 이것으로부터 출발해서 여러 가지 -N=N-(아조기)를 포함한 화합물을 얻는데, 이를 아조화합물이라고 하며 색깔을 띠는 게 많고 따라서 염료가 되는 거란다.

너희가 알고 있는 지시약, 메틸오렌지도 이것의 일종이야. 자, 그럼 여태까지 우리가 알아본 화합물을 표로 정리해 볼까.」

작용기		일반명	일반식	대표적인 화합물	
이름	화학식			이름	화학식
히드록시기	-OH	알코올페놀	R-OH	메틸알코올 페놀	CH_3OH OH (벤젠고리)
알데히드기	$-C(-H)(=O)$	알데히드	R-CHO	아세트 알데히드	CH_3CHO
카르복시기	$-C(-O-H)(=O)$	카르복실산	R-COOH	아세트산	CH_3COOH
카르보닐기	=C=O	케톤	$(R)(R)CO$	아세톤	$(CH_3)(CH_3)CO$
에테르결합	-O-	에테르	R-O-R′	에틸에테르	$C_2H_5-O-C_2H_5$
에스테르 결합	$-C(-O-)(=O)$	에스테르	RCOOR′	아세트산 에틸	$CH_3COOC_2H_5$
	-H	탄화수소	RH	메탄	CH_4
아미노기	$-NH_2$	아민	$R-NH_2$	아닐린	NH_2 (벤젠고리)

VI. 이소프렌(C_5H_8)은 아세틸렌계인가, 디엔계인가?

1. 분자의 구조를 조사하려면

「자, C_5H_8을 완전히 이해시키려고 유기화학의 기초공부를 시작했었는데, 이야기가 길어졌구나. 그럼 본론으로 돌아가서 이소프렌의 구조를 조사하는 이야기를 시작하기로 할까.」

「잠깐만요, 삼촌. 이것저것 공부했기 때문에 본론이 무엇인지 머리에 쏙 들어오지 않는걸요. 죄송하지만 처음 이야기가 뭐였는지 경위를 좀 생각해 볼게요.」

「과연 그렇겠구나. 본론이란 이 고무 고리에서부터 시작했지. 성수가 실제로 있는 물건과 교과서에서 배우는 물질 사이에는 관련이 없어서 재미가 없다고 말했고. 그래서 이 고무 고리라는 눈앞에 있는 물질을 예로 들어, 왜 고무 고리가 이렇게 늘어나느냐는 것에 의문을 가졌어. 그 성질의 근원을 이야기하기 위해서 우선 고무란 무엇인가를 알아보려고 한 거야.

그래서 일반적으로 유기물을 조사하는 방법에 대한 이야기가 되었고, 원소분석을 하여 고무는 $(C_5H_8)n$이라는 분자식을 가졌다는 걸 아는 데까지 진행된 거지. 그런데 이 단위가 되는 C_5H_8이란 어떤 것이냐? 이걸 알기 위해 탄화수소의 이야기로 들어갔고, 그런 김에 탄화수소로부터 유도되는 화합물까지 다루게 된 거지.」

「네, 맞아요.」

「그러니까 여기서 이 C_5H_8에 관해서 그 구조를 조사하는 단계에 온 거야」

「네, 알았어요. 그럼 말해 주셔요.」

「그럼 여태까지 배운 걸로부터 C_5H_8이라는 화합물에는 어떤 이성질체가 있는지를 생각해 보렴.」

삼촌의 말대로 성수와 수진이가 생각한 것을 정리하자, 다음의 〈표 VI-1〉과 같은 것을 얻었다.

「응, 꽤나 많지. 모두 17가지군. 이걸 크게 나누면 이중결합이 2개 있는 디엔계와 삼중결합이 1개 있는 알킨계와 또 한 종류의 시클로알켄계가 되겠지. 그러니까 우선 이 세 가지 중 어느 계열에 속하는가를 조사하고, 그런 다음에 하나하나를 개별적으로 생각해야 해. 이건 매우 어려운 문제란다.

하지만 최근에는 좋은 기기가 만들어져서 제법 쉽게 조사할 수 있지. 하지만 그래서는 너희 공부가 안될 테니까, 우선 종래의 화학적 방법에 관해서 설명할게.

(1) −C−C=C=C−C−

(2) −C−C=C−C=C−

(3) −C=C=C−C−C−

(4) −C=C−C−C=C−

(5) −C−
−C=C−C=C−

(6) −C−
−C=C=C−C−

(7) −C−C−C−C≡C−

(8) −C−C−C≡C−C−

(9) −C−
−C−C−C≡C−

(12) C=C, C−C−

(13) C=C, C−C−

(10) C=C, C−C

(14) C−C−C=C−

(16) C=C, C−C−C−

(11) C=C

(15) C=C−C−

(17) C=C−C−C−

표 VI-1 | C_5H_8의 이성질체(생각할 수 있는 구조)

너희가 배우고 있는 교과서에는, 구조식을 결정하는 예로서 에틸알코올과 디메틸에테르의 구별을 조사하는 걸 대표적으로 다루고 있을 거야. 어느 것이나 C_2H_6O라는 분자식이지. 이런 분자식으로 나타내는 화합물은 두 가지 구조식을 생각할 수 있단다.

$$\begin{array}{ccccccccc} & & H & & H & & & & \\ & & | & & | & & & & \\ H & - & C & - & C & - & O & - & H \\ & & | & & | & & & & \\ & & H & & H & & & & \end{array} \quad \text{와} \quad \begin{array}{ccccccccc} & & H & & & & H & & \\ & & | & & & & | & & \\ H & - & C & - & O & - & C & - & H \\ & & | & & & & | & & \\ & & H & & & & H & & \end{array}$$

에틸알코올 **디메틸에테르**

의 두 가지야.

자, 그럼 눈앞에 있는 액체가 어느 것인지를 조사하는 방법이 중요해.

사실 이 두 가지 화합물은 간단히 구별할 수 있는 거란다. 즉 알코올은 물에 잘 녹지만 에테르는 거의 녹지 않기 때문이지. 그러므로 피펫으로 시료를 조금 뽑아서 물을 담은 시험관 속에 넣어보는 거다. 알코올은 금방 균일하게 녹아들지만 에테르는 두 층으로 나누어지거든.

이런 물리적인 방법이 아니고 화학적으로 구별하는 데는 나트륨을 가해 보면 돼. 나트륨은 –OH기와는 금방 반응해서 수소를 발생하지. 즉

$$2C_2H_5OH + 2Na \rightarrow 2C_2H_5ONa + H_2$$

이라는 반응이 금방 일어나.

그런데 에테르는 Na와 반응하지 않아. 즉 Na라는 시약으로 OH기라는 작용기가 있는 걸 알 수 있어.

이처럼 그 물질의 일부가 나타내는 특유한 반응을 실마리로 구조를 조사해 나가는 거야.」

「정말 그런 거구나. 그러니까 클래식을 좋아하느냐, 재즈를 좋아하느냐는 건 레코드를 틀어보면 금방 알 수 있다는 거와 같군요.」

「하하하, 그래 그런 거지. 자, 그럼 문제를 내볼게.

| 문제 | 에탄, 에틸렌, 아세틸렌은 모두 무색인 기체의 탄화수소다. 이걸 화학적으로 구별하려면 어떻게 하면 될까?」

「아, 이 정도면 풀 수 있어요.」

두 사람은 답을 쓰기 시작했다. 두 사람의 답은 다음과 같았다.

성수의 해답

1. 브롬수를 통한다. 브롬수를 탈색하지 않는 것이 에탄.
2. 나머지 두 화합물 중 질산은의 암모니아용액을 통했을 때 침전이 생기는 것이 아세틸렌이고, 침전이 생기지 않는 것이 에틸렌.

수진의 해답

1. 암모니아성 황산구리용액을 통했을 때, 침전이 생기는 것이 아세틸렌.
2. 나머지 두 화합물에 염소를 섞어 반응시키고 그것에 암모니아를 가까이 했을 때, 흰 연기가 발생하는 것이 에탄. 발생하지 않는 것이 에틸렌.

「그래, 두 사람 모두 정말 잘 생각했다. 아세틸렌이 은과 화합해서 침전을 만든다는 점은 두 사람 모두 공통이군. 다음 에탄과 에틸렌을 구별하는 데 둘 다 첨가반응에 착안한 점은 같으나 성수는 브롬수를 썼고, 수진이는 염소를 썼군.」

「수진아, 왜 암모니아를 가까이하면 흰 연기가 발생하지?」

「에탄 쪽은 치환반응이니까 염화수소가 발생할 거야. 염화수소는 암모니아와 닿으면 흰 연기[01]가 나오는 거지.」

「아, 그렇군. 정말 잘 생각했는데.」

「분명히 잘 생각한 거야. 하지만 실제의 실험에서는 성수가 말한 방법이 쉽고 확실하지. 기체상태의 염소를 쓰기보다는 브롬수 쪽이 다루기 쉬운 거니까」

「와! 역시 실험은 성수가 잘 하거든.」

「그래. 그럼 다음으로 넘어간다.

| 문제 | 분자식이 C_5H_{10}이라는 물질이 있다. 이 화합물이 펜텐인지, 시클로펜탄인지를 구별하는 방법은?

자, 이번에는 이성질체를 구별하는 방법이야.」

「드디어 이소프렌에 육박하는군요. 한 쪽은 이중결합이 있고 다른 쪽은 포화탄화수소이므로, 브롬수를 탈색시키는 것으로 구별할 수 있잖아요?」

「그렇지. 그럼 본격적으로 C_5H_8에 도전하기로 할까.」

01 염산과 암모니아가 접촉하면 흰 연기가 발생하는데, 이것은 염화암모늄의 흰 고체다.
$HCl + NH_3 \rightarrow NH_4Cl$(흰 고체)

2. 드디어 C_5H_8에 도전

「와! 이번에는 이중결합과 삼중결합을 구별하는 방법이네요.」

「그건 간단할 거예요. 왜냐하면 삼중결합은 아세틸렌화은이나 아세틸렌화구리[02]의 침전을 만들죠. 이중결합은 만들지 않아요. 그러니까 그걸로 구별할 수 있는 거예요.」

「그래? 그렇게 잘 되면 좋겠는데. 사실은 이건 너희가 학교에서 배우는 화학에서는 그걸로 충분할지도 몰라. 앞에서 든 C_5H_8의 이성질체의 〈표 Ⅵ-1〉에서 ⑺과 ⑼는 문제가 없어. 그런 침전이 생기는 걸로 구별할 수 있지. 하지만 ⑻의 화합물에서는 그렇게 되지 않거든.

이건 아세틸렌의 삼중결합이 있는 탄소에 결합된 수소는 H^+로써 이온화되기 쉬운, 말하자면 산성적인 수소여서 금속과 치환되어 아세틸렌화은 등을 만드는 거야. 에틸렌의 이중결합 탄소에 결합된 수소는 이런 성질이 없으므로 에틸렌화은과 같은 침전은 만들지 않는 거란다.

자, 그럼 ⑻의 식을 보렴. 삼중결합의 탄소에 수소가 결합되어 있지 않지. 삼중결합의 반대쪽에는 메틸기가 결합되어 있는 거야. 그러니까 금속과 반응한다는 건 기대할 수 없다.」

「아이고, 그럼 곤란하잖아요?」

---

02 아세틸렌 및 그 밖의 아세틸렌계 탄화수소의 수소원자는 여러 가지 금속의 원자와 치환되어 금속화합물을 만드는데, 이것을 아세틸리드라고 한다. 이런 중금속의 아세틸리드(CuC≡CCu, AgC≡CAg)를 건조한 것은 열이나 충격으로 폭발하므로 기폭약으로 사용된다.

「그렇지. 그래서 삼중결합에는 이중결합보다 침전되기 쉬운 반응이 있는 걸 이용하는 거야. 예를 들면 알칼리의 촉매로 알코올을 반응시키면 잘 첨가되어 에테르 계열의 화합물이 생기는 거야.

$$H\text{-}C \equiv CH + ROH \rightarrow H\text{-}\overset{\overset{\displaystyle H}{|}}{C} = \overset{\overset{\displaystyle H}{|}}{C}\text{-}OR$$

와 같은 반응이 일어난단다.

또 파라듐과 몰리브덴산염을 실리카겔에 흡착한 걸 채운 검출관도 있어. 아세틸계열의 화합물을 통하면 몰리브덴청이라는 청색이 되기 때문에 삼중결합을 검출할 수 있지.

대충 이런 반응으로 삼중결합을 알 수 있다고 생각하면 될 거야.」

「꽤 어렵군요. 유기화학이라는 건….」

「이런 건 너희가 대학에 들어가서 배우는 거라고 생각하고 있으면 돼.

자, 그럼 다음에는 켤레이중결합을 알아보는 방법을 살펴보자. 딜스-알더반응(디엔 합성)이라고 하는데, 켤레이중결합과 무수말레인산이라는 화합물이 반응하는 걸 이용한 거야.

농도를 정확하게 알고 있는 무수말레인산의 아세톤용액을 시료에 일정량 가해서 반응시키고, 이때 남아 있는 말레인산을 0.1 노르말의 수산화나트륨으로 적정해서, 반응한 무수말레인산의 양을 알고, 나아가서는 시료 속의 켤레이중결합의 양까지도 정확하게 알 수 있는 방법이야.」

「좀 어렵긴 하지만 편리한 방법이 있는 거군요.」

「그래, 지금은 자세한 내용을 알 필요는 없고, 우선은 켤레결합을 아는 방법이 있다는 것만 기억해 두렴. 자, 그럼 지금 문제의 이소프렌에 대해 이 딜스-알더반응을 시험해 보면 양성이 되거든. 즉 켤레이중결합이 있는 걸 알 수 있지.」

「이렇게 되면 이미 C_5H_8의 17가지 이성질체 중에서 켤레이중결합이 있는 건 ⑸밖에 없으니까, 이소프렌은 ⑸라는 결론이 나온다는 거군요.」

「그래, 그렇게 되는군.」

「왠지, 뭔가 속고 있는 것 같아요.」

「하하하, 같은 게 아니라 사실은 속였던 거야. 17가지 이성질체에 대해 하나하나 조사하는 방법을 가르치는 게 속이지 않는 게 될 테니까 말이다. 사실은 나도 전부는 알지 못하거든. 하하하.」

「아, 싫어요.」

「어쨌든 처음으로 고무의 성분이 이소프렌의 중합체라고 주장한 사람은 해리스라는 사람으로 1904년의 일이야. 생고무에 오존을 작용해 생기는 물질을 조사해서 생각했다는 거야. 굉장한 노력을 했겠지.

사실은 앞에서 잠깐 말했듯이, 지금은 훨씬 더 간단하게 이중결합이나 삼중결합을 구별하는 장치가 있단다.

그걸 설명하기 전에 어쨌든 이소프렌의 구조식은

```
          H
          |
        H-C-H
    H     |   H   H
    |     |   |   |
H - C  =  C - C = C - H
```

이라는 걸 알았다고 해보자. 즉 2-메틸부타디엔이라는 거지.」

3. 나뭇잎은 왜 녹색인가? - 분자구조를 조사하는 무기들

「자, 이걸로 이소프렌의 구조를 알았지. 그럼 잠깐만 샛길로 들어갈까. 비교적 최근에 발달한 물리적 방법으로 화합물의 구조를 조사하는 장치야. 이건 성수가 장래에 화학자가 되면 아마 반드시 쓰게 될 거야.

지금까지 말한 화학적 방법이라는 건, 어떤 시약을 가해서 특별한 반응을 일으키는 작용기나 원자결합을 찾아내는 방법이었어. 예를 들면 앞에서 말한 -OH기의 H는 나트륨과 치환되거나, 삼중결합의 탄소에 결합되어 있는 수소도 금속과 치환된다는 그런 거였지. 그 밖에 시약으로 시료의 일부를 제거해서 이걸 조사한다든지 하는 방법이야. 한마디로 말해서 화학반응을 이용해서 상대를 확인해 나가는 방법이었지. 그것에 대해 물리적인 측정을 바탕으로 조사하는 방법이 있거든. 이건 새로운 방법은 아니지만, 끓는점이나 녹는점을 측정하거나 비중이나 빛의 굴절률 등을 측정하는 것들이야. 그러니까 예로부터 있었던 방법이라는 건 사실이지. 그러나 최근에 발달한 방법은 더 직접적인 거란다. 이 중에 서 몇 가지 방법을 대충 알려줄게.

그런데 너희는 왜 나뭇잎을 녹색이라고 하는 거지?」

「네? 왜라니요? 나뭇잎은 엽록소를 지니고 있기 때문이죠.」

「엽록소를 지녔으면 왜 녹색인 거지?」

「무슨 뜻이에요? 엽록소는 녹색이기 때문에 그런 거 아니에요?」

「하하하, 좀 짓궂은 질문이지만, 엽록소는 왜 녹색인 거지?」

「왜라니요?」

「아, 알았다. 엽록소는 녹색의 빛을 반사하기 때문이잖아요?」

「그래, 그렇지. 그럼 태양빛을 받아서 녹색빛을 반사한다는 건?」

「그건 7가지 빛 중에서 녹색 이외의 빛을 흡수하고, 녹색만을 반사하기 때문이에요.」

「그래, 대충 그런 거다. 여색이니 보색이니 하지만, 이 두 가지가 섞이면 백색이 되는 색이 있지. 녹색의 보색은 적색이잖아. 그러니까 엽록소는 적색계통의 색을 흡수하고 있다는 얘기야. 그럼……」 하고 삼촌은 시약장에서 시약병 2개를 가지고 와서 그중 1개의 병에서 청색결정을 종이 위에 놓고 말했다.

「자, 이게 무슨 결정인지 알겠니?」

「아, 본 적이 있어요.」

「이건 황산구리결정이죠.」

「그래, 이건 황산구리결정이야. 그럼 이건?」 삼촌은 연한 녹색결정을 꺼내 놓았다.

「…?」 두 사람은 모두 고개를 갸우뚱거렸다.

「이건 황산구리만큼 두드러진 건 아니지만 황산철(I)의 결정이야. 이같이 약품 취급에 조금만 익숙해지면 색깔이나 모양만 봐서도 그게 무엇인지를 알게 된단다. 이 밖에 중크롬산칼륨이나 육시아노철(Ⅲ)산칼륨[03] 등은 화학을 공부하는 사람은 한눈에 알아볼 수 있단다.

자, 알겠지. 이건 물질은 그 물질 특유의 색깔을 지니고 있다는 거야. 반대로 말하면 특유한 색깔의 빛을 흡수한다는 이야기가 되지.

분젠버너의 무색 불꽃 속에 소금물을 묻힌 백금선을 넣으면 황색이 되는 걸 알고 있지. 이걸 불꽃색반응이라고 하는 거야. 이건 나트륨의 특유한 색깔이야. 이 나트륨의 황색불꽃을 통해서, 백열전등의 빛을 프리즘으로 분해해서 스펙트럼으로 해 보면, 황색인 부분에 검은 줄이 보인다는 것도 알고 있을 거야.」

「아, 태양스펙트럼 중 프라운호퍼선과 같은 거군요.」

「그래, 즉 나트륨의 증기를 포함하고 있는 황색불꽃은 보다 고온의 물체로부터 나오는 빛 속에서 나트륨 특유의 황색을 흡수하는 거야. 이렇게 해서 원소를 조사하는 방법을 **스펙트럼 분석**이라고 한단다.

자, 그런데 이런 방법을 가시광선뿐 아니라, 적외선이나 자외선처럼 눈에 보이지 않는 빛의 영역으로까지 확대해서 생각할 수가 있을 거다. 지금 문제가 되고 있는 이중결합이나 삼중결합을 조사하는 데는 적외선 영역이 좋아. 그래서 **적외선 흡수 스펙트럼 분석법**(Infrared absorption spectroscopy)이라는 게 있는데, 이걸 간단히 IR법이라고 부른단다.

---

03 중크롬산칼륨($K_2Cr_2O_7$)은 오렌지색이고, 육시아노철(Ⅲ)산칼륨($K_3FeCCN)_6$은 적혈염 또는 시안화철(Ⅲ)산칼륨이라고 하며 적색이다.

시료를 사염화탄소나 이황화탄소 등의 용매에 녹여서, 소금과 브롬화 칼륨으로 만든 셀(작은 용기)에 넣는 거다. 그리고 그것에 적외선을 쬐어 통과하는 빛을 적외선 스펙트럼으로 해서, 적외선에 감광되는 필름으로 촬영하는 거야. 그러면 시료로 흡수되는 선을 알 수가 있지. 만약 시료 속에 삼중결합이 있고 이것이 분자의 말단일 때는 2,140~2,100㎝$^{-1}$(1㎝ 속에 2,140 파장 수가 있다)의 파장 부위에 흡수선이 관찰되지. 만약 삼중결합이 말단이 아닐 때는 2,260~2,190㎝$^{-1}$ 부위에 흡수선이 관측된다는 거야. 그러니까 이걸 사용하면 앞의 〈표 V-1〉의 C_5H_8의 이성질체의 (7)과 (8)은 금방 구별되는 셈이다.」

「편리한 게 있군요.」

「그래, 이 IR법에 의하면 이중결합이나 삼중결합, 그리고 많은 작용기를 짧은 시간에 판별할 수 있지. 그러나 이건 결코 만능은 아니야. 예를 들면 =CO라는 작용기가 있는 건 알지만, 그게 케톤인지 알데히드인지, 에스테르인지는 구별할 수가 없단다. 즉

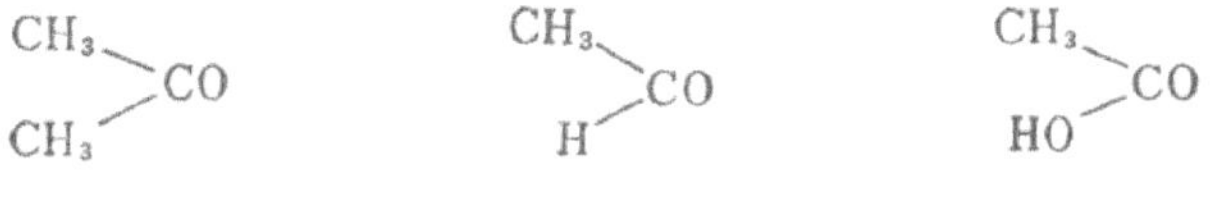

CH_3 / CH_3 >CO　　CH_3 / H >CO　　CH_3 / HO >CO

이 세 가지의 구별이 안 되는 거야.

그래서 다음과 같은 방법이 있단다. 그건 **핵자기공명 스펙트럼 분석법**(NMR)이라는 방법으로, 강력한 자기장 속에 시료를 두고 IR법과 같은 방법으로 흡수선을 조사하는 거야. 그러면 =CO에 결합된 것이 $-CH_3$인지,

-H인지, -OH인지를 구별할 수 있는 거란다.」

「그럼 IR법과 NMR법을 조합하면 되겠네요.」

「그렇지. 실제로는 몇 가지 방법으로 조사해서 결론을 얻는 거야. 또 하나의 방법을 소개하면 **질량분석법**(MS)이라는 것도 있어.」

「아, 어디서 들은 것 같은데……. 질량분석법이라는 거…….」

「그래. 아마 동위원소의 발견과 관련해서 공부했을 거야.」

「네, 맞아요. 방전관 속에서 원자를 이온화해서 음극을 향해서 흐르는 +이온의 흐름을 자기장 속에서 방향을 구부리면, 질량이 큰 것일수록 구부리기 어려우므로 구별이 된다는 거였어요.」

「그래, 처음에는 그렇게 해서 동위원소를 식별하는 방법으로 출발했던 거야. 그걸 지금은 화합물의 분석에 응용하고 있는 거지. 즉 시료를 기화시켜서 그것에 높은 에너지의 전자의 흐름을 충돌시키는 거다. 그러면 그 시료의 화합물 분자가 전자에 충돌해서 몇 개의 파편으로 파괴되거든. 이 파편의 +이온을 전기장으로 -방향으로 흐르게 해서, 그걸 자기장으로 방향을 구부리는 거야. 그러면 질량에 의해서 구부러지는 각도가 다르기 때문에, 그 파편의 분자량이 아닌 이온양이 구해지는 거지. 그러나 전자에 충돌해서 파괴되는 것이므로, 하나의 화합물에서 여러 종류의 파편이 생긴단다. 그러므로 동위원소의 분석처럼 간단히 되는 건 아니야. 그래서 컴퓨터로 정리해서 본래의 화합물의 정체를 밝혀내는 거야.」

「그건 어떻게 하는 거죠? 좀 더 자세히 말씀해 주세요.」

「그러지. 그럼 제일 간단한 유기화합물인 메탄(CH_4)에 대해서 생각해 볼까. 메탄의 기체 속에 전자선을 쬐는 거야. 그러면 메탄분자가 파괴되어서 생기는 분자는 H, CH_3, CH_2, CH, C의 다섯 종류를 생각할 수 있을 거야. 이 다섯 종류의 비율로부터 통계적으로 본래의 분자는 CH_4일 거라고 추리할 수가 있어.」

「아, 알았다. 그림 맞추기 퍼즐 같은 거군요.」

「그림 맞추기 퍼즐이라, 재미있는 착상인걸. 어쨌든 이런 방법을 몇 가지 조합하면 더 복잡한 화합물도 그 구조를 알 수 있어.」

「컴퓨터의 위력은 정말 굉장하네요.」

「그래, 옛날의 화학적인 방법으로는 비타민이나 단백질의 구조 등은 한 사람의 화학자가 일생동안을 씨름해야 하는 문제였단다. 지금은 실험조수의 손으로 짧은 시일 안에 데이터를 뽑아낼 수 있지.」

「화학의 발전이 가속화될 수밖에 없군요.」

「그래, 자 그럼 이걸로 이소프렌의 구조결정 이야기를 끝내기로 하자.」

Ⅶ. 고무는 왜 신축하는가?

1. 물질의 형태는 분자의 모양과 관련이 있다(?!)

「자, 고무의 성분이 이소프렌의 중합체라는 걸 알았고, 또 이소프렌의 구조식도 알았으니까, 다시 한번 되돌아가서 고무 고리에 대해서 생각해 보자.」

삼촌은 책상 위의 고무 고리를 들고 늘였다 오므렸다 했다.

「꽤 늘어나지. 본래 길이의 5배는 쉽게 늘어나거든. 이렇게 잘 늘어나는 성질의 비밀이 성분인 이소프렌이나 이소프렌의 중합체 속에 있는 건 확실해. 어째서 이렇게 잘 늘어난다고 생각하니?」

「…」

「이 폴리이소프렌에는 그런 성질이 있는 거라고 말하면 안 되나요?」

「하하하, 그렇게 말하는 것도 가능하겠지. 하지만 그런 건 괴변이라는 거야. 대답할 수 있을 것 같지 않군.」

「……」

「어때? 너희가 일상생활에서 눈에 띄는 것 중에 고무 이외에 잘 신축하는 건 무엇이 있지?」

「아, 있어요. 스프링이에요. 쇠줄을 감아서 만든…. 용수철저울 등에 쓰는 거요.」

「그렇군. 쇠줄 그대로는 거의 늘어나지 않지만 감아서 스프링으로 하면 잘 늘어나지. 자연계에도 그런 성질을 잘 이용한 게 있겠지?」

「네, 있어요. 오이나 호박덩굴이 있어요. 처음에는 곧게 자라는데 무엇에 감겨지면 전부 돌돌 감겨서 스프링처럼 돼요.」

「그렇지. 만약 동그랗게 감기지 않고 곧은 채로 자라면, 조금만 센 바람에도 끊겨 버릴 거야. 하지만 스프링 모양으로 되어 있어서 흔들흔들해도 끊어지지 않고 무사히 자신을 지탱할 수 있는 거지. 자, 그럼 이 〈그림 Ⅶ-1〉을 보렴. ①은 스프링이고 이 밖에 ②와 같은 접힌 쇠줄이나 ③과 같은 접어서 구부린 쇠줄도 잡아당기면 늘어나잖니. 즉 쇠줄이 지닌 탄성을 잘 이용해서 부분적으로는 조금밖에 신축성이 없어도 전체로서는 크게 신축할 수가 있는 거란다. 고무 속에도 이런 메커니즘이 있다고 생각하면 되겠지.」

「네? 하지만 고무는 보기에는 균일한 물질로서 그런 스프링이나 굴절은 없잖아요?」

「그래, 눈으로 봐서는 그렇지. 그러나 분자의 세계에서는 어떨까?」

「분자란 건 작잖아요? 설사 분자 하나가 스프링상태로 되어 있더라도 그 신축성이란 아주 작은 거겠지요. 도저히 이처럼 수십 ㎝ 정도로 길게는

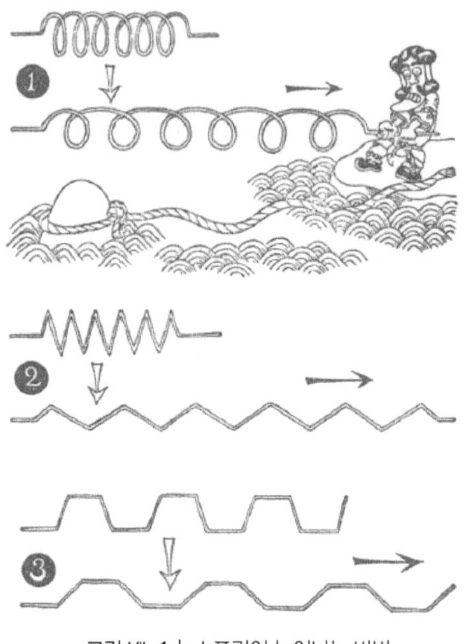

그림 Ⅶ-1 | 스프링이 늘어나는 방법

늘어날 수 없어요.」

「아니. 성수야. 그렇지는 않아. 한 가닥으로 1㎝가 늘어나는 용수철 두 가닥을 연결하면 2㎝가 늘어나잖아. 그렇다면 작은 분자도 수천, 수만이 연결되면 수십 ㎝라도 늘어날 게 아니니? 삼촌 그렇죠?」

「과연…….」

「그럴까? 이 고무 속에 그렇게 규칙적으로 분자가 배열되어 있는 걸까?」

성수는 믿어지지 않는다는 표정이다.

「성수의 믿기지 않는다는 기분은 이해할 수 있어. 하지만 마이크로(미시)의 세계의 일이, 그대로 매크로(거시)의 세계로 연결되는 거라고는 할 수 없지. 그러나 소금의 결정을 잘 만들면 주사위와 같은 입방체가 된다는 건 배웠겠지.」

「네, 그건 Na^+와 Cl^-가 번갈아 배열되어 입방체를 만들기 때문이에요. 그러고 보니 2개의 Na^+와 2개의 Cl^-가 만드는 미니입방체가 더 많이 모여서 눈에 보이는 커다란 결정이 되는 셈이군요.」

「그래, 눈의 결정이 6각형이라는 것도, 물분자의 H-O-H의 결합이 일직선이 아니라, 105°의 각도라는 것과 관련이 있는 거다. 우리가 어렸을 적에는 지금처럼 여러 가지 플라스틱 재료가 없었지. 그래서 전등의 소켓 속 절연판으로 운모판이 쓰였단다. 그걸 끄집어내어 얇게 벗기는 게 재미있어서 많이 해 보았지. 즉 운모는 분자가 평면 위에 배열되어 있어서, 그 평면상태의 결정이 겹겹으로 쌓여 있는 구조야. 그러니까 눈으로는 얼마든지 얇게 벗겨진단다. 마찬가지로 광물에 석면이라는 게 있지. 이건 가늘고 긴 섬유상태로 갈라지지. 즉 섬유 모양의 분자가 모여 있기 때문이야. 이렇게 보면 분자의 형태가 마크로의 상태를 결정하고 있는 게 있다는 걸 알 수 있겠지.」

「모든 물질이 다 그런 건 아니잖아요?」

「그렇지. 지금 수진이가 신고 있는 흰 양말은 무명이겠지? 무명, 즉 면의 섬유는 셀룰로오스의 길쭉한 분자가 같은 방향으로 배열된 것이므로 실 모양인 거야. 그런데 같은 셀룰로오스 분자가 목재 속에서는 같은 방향으로 배열되어 있지 않거든. 사방으로 상하좌우로 뒤섞였고, 그 사이를 리그닌이라는 성분이 빈틈없이 단단하게 굳히고 있는 거야. 그러므로 목재 그대로는 섬유로 쓸 수가 없단다. 그래서 약품을 써서 리그닌을 녹이고 셀룰로오스 분자를 용액으로 만들어 흩어지게 해서 가느다란 구멍으로부터 뽑아내어 용제를 제거하면 셀룰로오스 분자가 실 모양이 되는 거란다. 이렇게 해서 만들어진 것이 레이온이라는 인조섬유인 거야.

그러므로 분자의 형태와 그 집합방식에 따라서 물질의 성질이 달라지는 거야.」

「그럼 무명 속 셀룰로오스 분자나 목재 속 셀룰로오스 분자도 하나의 분자를 추출해 보면 같다는 말이에요?」

「그렇게 생각해도 돼. 정확하게 말하면 $(C_6H_{10}O_5)n$이라는 셀룰로오스 분자의 n의 크기가 다소 다를지도 모른다는 거야. 자, 그럼 드디어 주제인 폴리이소프렌에 대해서 생각해 보기로 하자.」

2. 폴리에틸렌이 만들어지는 메커니즘

「앞에서 포도당분자가 축합해서 맥아당분자가 생기고, 다시 자꾸 축합해서 녹말이 된다는 이야기를 했었지. 이때는 2개의 포도당분자 사이부터 물분자 1개가 빠져 나가서 −O−의 다리로 연결되었지.

축합의 경우는 이처럼 빠져나가는 물질이 있지만 중합의 경우는 빠져

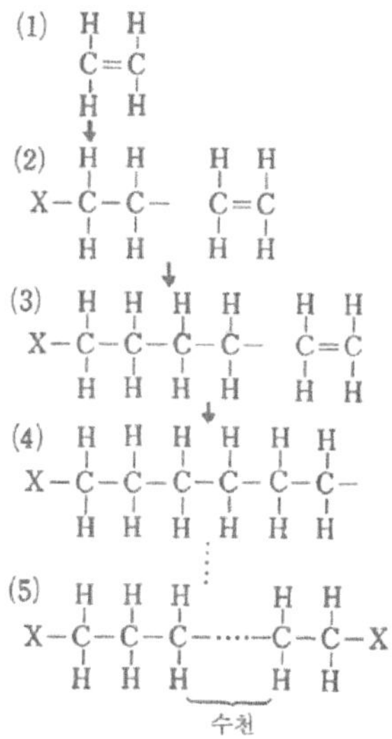

그림 Ⅶ-2 | 에틸렌의 중합모형

나가는 게 없어. 에틸렌의 중합에 관해서 그 메커니즘을 생각해 보기로 하자.

에틸렌분자가 이웃의 또 하나의 에틸렌분자와 결합하는 데는, 어떤 방법으로 이중결합의 한쪽을 끊어주어야 하는 거야. 중합개시제라는 걸 써서 과산화벤조일과 같은 화합물이 사용되는데, 불안정해서 유리기를 발생하기 때문이야. 지금 〈그림 Ⅶ-2〉에서 이걸 X라고 하자. 유리기가 된 X^-가 에틸렌분자와 충돌해 이중결합을 열어서

$$\begin{array}{ccccc} & & H & & H \\ & & | & & | \\ X & - & C & - & C - \\ & & | & & | \\ & & H & & H \end{array}$$

라는 다른 유리기를 만드는 거야. 이게 다음의 에틸렌 분자와 반응해서 탄소원자 4개가 연결된 유리기가 만들어지는 거지. 이런 반응이 계속되어 수백, 수천의 탄소사슬이 생긴단다. 다른 한쪽 끝에 다른 X가 결합하면 반응이 멎는 거야. 이렇게 해서 만들어진

$$X - \left\{ \begin{array}{c} H \\ | \\ -C- \\ | \\ H \end{array} \right\}_n - X$$

가 폴리에틸렌이라는 거야. X가 H가 되면 메탄계 탄화수소잖아? C가 수천 개로 연결되면 끝은 X건 H건 그다지 바뀌지 않아. 그러니까 에틸렌에 불을 붙이면 양초가 녹아서 탈 때와 매우 비슷한 방법으로 타는 거지. 파라핀양초보다 폴리에틸렌이 C의 수가 훨씬 더 많으니까, 양초보다 높은 온도가 아니면 녹지 않지만 말이다.」

「폴리에틸렌은 탈 때 그을음이 없다고 들었는데, 파라핀과 마찬가지로 수소가 많기 때문이군요.」

「그래, 폴리스티롤과 같은 건 벤젠핵이 들어 있거든. 그러니까 탈 때는 그을음이 많이 나오는 거야.」

「요새, 새 건물의 화재 때 그을음이 많다는 건 이런 벤젠핵이 들어 있는 합성수지가 쓰이고 있기 때문이군요.」

3. 고무분자가 스프링이 되는 이유

「그래, 그럼 이소프렌에 대해 생각해 볼까. 이소프렌의 구조식은

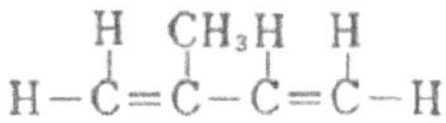

$$H-\overset{H}{\underset{}{C}}=\overset{CH_3}{C}-\overset{H}{C}=\overset{H}{C}-H$$

였지. 이중결합이 2개야. 그리고 중합할 때는 1개의 이중결합이 열리고 다른 1개는 중앙으로 옮겨간단다. 〈그림 Ⅶ-3〉과 같게 돼.」

「아, 그렇다면 폴리이소프렌 속에는 아직도 이중결합이 있다는 거군요?」

「그렇지, 폴리에틸렌의 경우는 메탄계와 마찬가지로 탄소는 모두 단일결합으로 연결되지만 폴리이소프렌에서는 다르지. 4개 간격으로 이중결합이 있는 거야.

자, 성수야. 여기서 이중결합의 양쪽 끝 탄소에 다른 것이 연결될 때, 트렁크를 어깨에 멘 트랜스형과 두 손에 들고 얌전하게 걸어가는 시스형이 있었던 걸 상기해 보렴.」

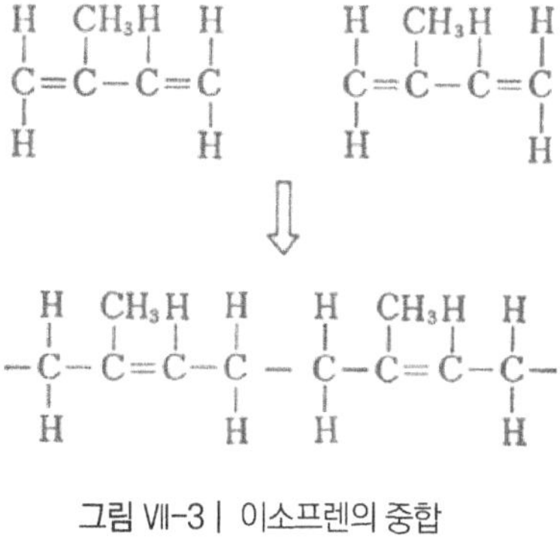

$$\underset{H}{\overset{H}{C}}=\overset{CH_3}{C}-\overset{H}{C}=\underset{H}{\overset{H}{C}} \qquad \underset{H}{\overset{H}{C}}=\overset{CH_3}{C}-\overset{H}{C}=\underset{H}{\overset{H}{C}}$$

$$\Downarrow$$

$$-\underset{H}{\overset{H}{C}}-\overset{CH_3}{C}=\overset{H}{C}-\underset{H}{\overset{H}{C}}-\underset{H}{\overset{H}{C}}-\overset{CH_3}{C}=\overset{H}{C}-\underset{H}{\overset{H}{C}}-$$

그림 Ⅶ-3 | 이소프렌의 중합

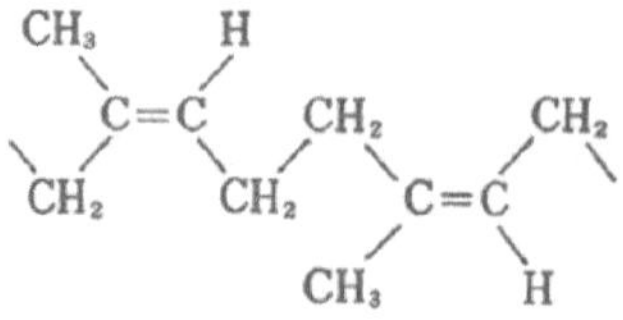

A 시스1·4형 결합(천연고무)

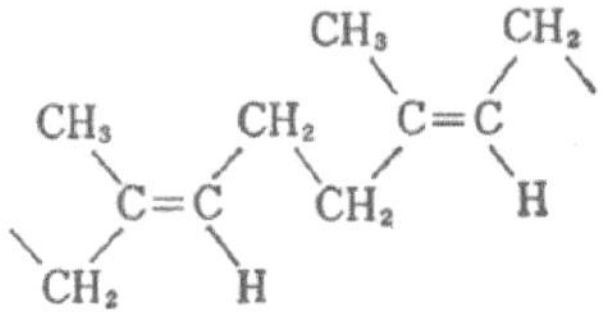

그림 Ⅶ-4 | 두 개의 결합

「아니, 제가 그런 말을 했었나요?」

「그래, 네가 말했었지. 이 폴리이소프렌 속 이중결합에 대해서도 같은 걸 생각할 수 있을 거야. 즉 시스형으로 연결되어 갈 경우(〈그림 Ⅶ-4〉 A)와 트랜스형으로 연결되어 가는 경우(〈그림 Ⅶ-4〉 B)로 말이다.」

「트랜스형과 시스형이 섞인 경우도 있을 수 있는 거죠?」

「그렇게 생각할 수 없는 건 아니지. 그런데 말이야, 천연고무라는 건 시스형이거든. 그리고 고무와 마찬가지로 어떤 수액에서 얻는 구타페르카[01](독일어=구타페르하)라는 수지상태의 물질이 있는데, 이 분자의 구조

01 구타페르카(gutta-percha, 독일어로는 Guttapercha)는 말레이반도, 수마트라, 브루나이 등에 야생하는 ralaquium 속 식물의 유액이 굳어진 것으로, 유액은 주로 수피의 안쪽이나 잎에 포함되어 있다. 수피에 상처를 내면 흘러내리지만, 양질의 것은 공기에 닿으면 금방 굳으므로 나무에서 얻고 있다.

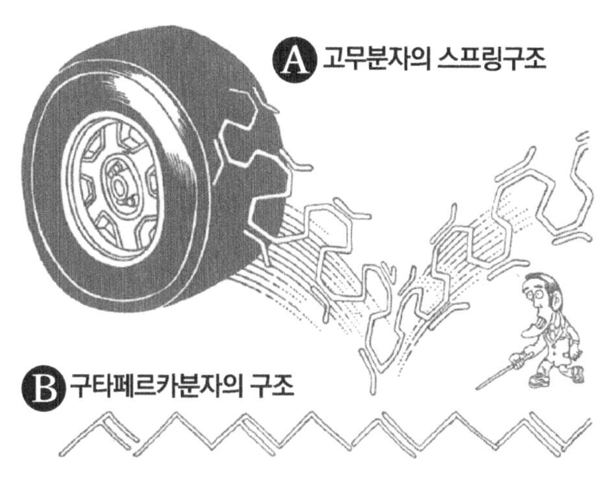

그림 Ⅶ-5 | 고무와 구타페르카의 분자구조 비교

가 트랜스형이란다.」

「그럼 이 구타페르카라는 것의 성분도 폴리이소프렌이라는 것에는 변함이 없네요? 」

「그렇지. 이성질체지. 고무의 성분 쪽이 시스-1-4형 폴리이소프렌, 구타페르카 쪽이 트랜스-1-4형 폴리이소프렌이야. 그런데 이 물질들의 구조를 C나 H를 빼고서 연결된 것으로만 적으면 이렇게(〈그림 Ⅶ-5〉) 되는 거지. A 쪽이 고무분자이고, B 쪽이 구타페르카분자의 모형이다.」

「와! 그렇다면 고무분자는 바로 스프링이군요.」

「그래, 앞에서 보인 〈그림 Ⅶ-1〉의 ②와 ③을 혼합한 형이라고 할 수 있지.」

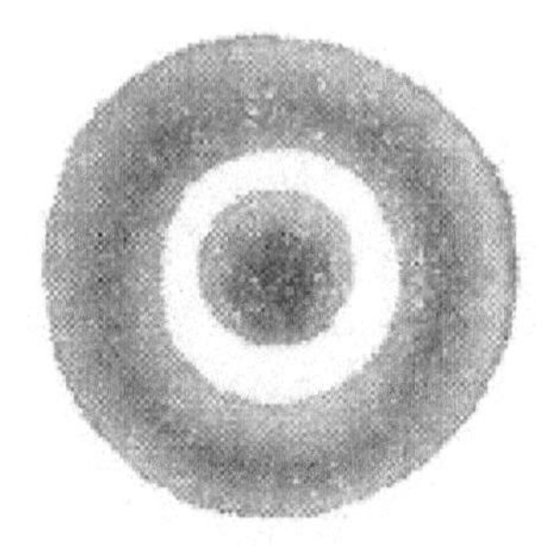

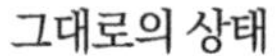

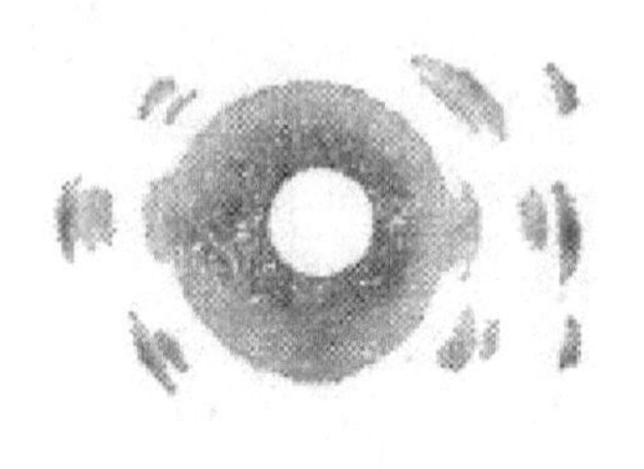

그림 Ⅶ-6 | 고무 X선 사진의 그림

「그래서 고무를 잡아당기면 잘 늘어나는 거군요.」

「그래, 그리고 힘을 빼면 다시 본래의 형태로 환원하는 거야. 그런 미니스프링이 많이 모여서 만들어졌기 때문에 고무는 잘 신축하는 거란다.」

「같은 이소프렌으로 되어 있는 구타페르카는 잘 늘어나지 않네요?」

「조금 늘어나긴 하지만 도저히 고무에는 미치지 못해. 이 구조모형으로 알 수 있을 거야.」

「그렇군요.」

「아, 잠깐만요 삼촌. 그런 미니 스프링이 고무 속에 배열되어 있다면, 한 방향으로는 잘 늘어나겠지만 그것과 직각 방향으로는 늘어나지 않는 거 아니에요? 고무풍선 등은 그렇지가 않고 어느 방향으로도 잘 늘어나잖아요?」

「그래, 그렇지. 고무 속에서는 분자가 무명섬유 속 셀룰로오스분자처럼, 한 방향으로 규칙적으로 배열되어 있지를 않다고 생각해야겠지. 오히려 목재 속 셀룰로오스처럼 난잡하게 배열되어 있을 거야.

그런 사실을 보여주는 실험이 있단다. 고무를 늘어나지 않는 상태와 늘인 상태에서 X선 사진을 찍어보는 거다. 그러면 〈그림 Ⅶ-6〉에 나타낸 것처럼 뚜렷한 차이를 관찰할 수 있지.」

「그건 무슨 말이죠?」

「음, 간단히 말하면 이온이나 분자가 규칙적으로 배열된 물질, 즉 결정체의 X선 사진을 찍으면 점들이 있는 영상이 나타나는데, 이걸 라우에의 반점이라고 해. 이온이나 분자 사이의 빈틈으로 X선이 회절이라는 현상을 일으키는 거다. 이 사진으로부터 결정구조를 알고 있는 결정을 써서 X선의 파장을 측정하거나, 반대로 파장을 알고 있는 X선을 써서 결정의 구조를 알 수가 있는 거야.

잡아당긴 고무의 경우, 결정의 물질만큼 뚜렷한 반점은 보이지 않지만, 대충 결정에 가까운 규칙적인 분자 배열이 있다는 걸 엿보게 한단다.

이것에 대한 늘어나지 않은 고무의 X선 사진은 비결정물질과 마찬가지로 반점이 없는 사진이 되거든.」

「그럼, 고무는 잡아당김으로써 결정이 된다는 거예요?」

「글쎄다, 이렇게 생각해 볼까. 지금 〈그림 Ⅶ-7〉의 윗부분과 같이 10가닥의 스프링이 연결되어 있다고 하자. 10가닥의 방향은 제멋대로이고 그 간격도 다양하잖아? 이걸 아래의 그림처럼 잡아당겼다고 해. 그러면 대체로 3가닥의 스프링이 거의 평행으로 배열된 것처럼 되겠지. 그렇게 되면 방향도 가지런해지고 간격도 거의 일정하게 되지. 앞의 그림과 비교하면 규칙적으로 되었다고 할 수 있겠지.」

「네, 그래요.」

「이처럼 잡아당김으로써 고무분자가 결정 속 분자처럼 규칙적으로 된다는 건, 잡아당기지 않을 때는 제멋대로의 방향으로 향하고 있던 분자들이, 잡아당김으로써 힘의 방향으로 배열되었을 거라고 X선 사진으로부터 생각할 수 있겠지.」

「아, 늘어나지 않는 셀룰로오스분자에서는 목재를 잡아당겨도 그런 X선 사진은 찍히지 않는다는 이야기네요.」

「그래, 우선 목재는 늘어나질 않아.」

「그럼, 늘어난 고무 속에서는 완전히 늘어난 분자가 있는가 하면, 아직 늘어나지 않은 분자도 있다는 거군요.」

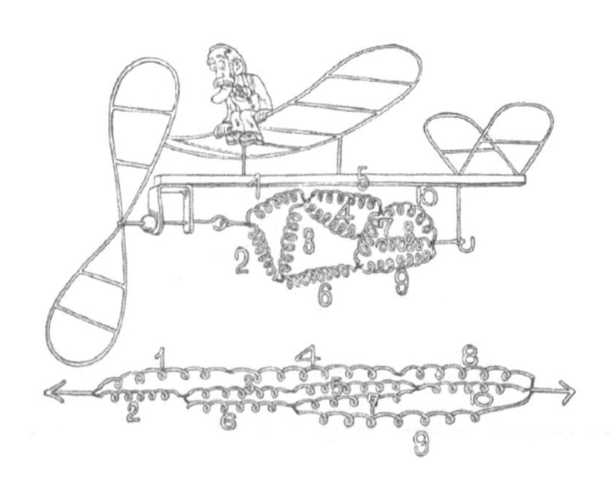

그림 VII-7 | 고무가 늘어나는 비밀은?

「그렇지, 고무풍선을 부풀린 경우와 같을 때는 대부분의 분자가 늘어났다고 생각하면 될 거다.」

「그리고 더 늘어나지 않게 되었을 때 펑! 하고 터지는 거군요.」

「아, 그럼 고무풍선을 한번 부풀리고 나면 본래의 크기로는 되돌아오지 않잖아요. 이때는 분자스프링이 탄성의 한계를 넘어서 수축하지 않게 되었다는 거예요?」

「1개의 분자에 대해서 탄성의 한계를 넘었다는 게 아니라, 뒤섞인 분자 상호 간의 간격이 처졌다고 생각해야 할 거야. 보통 풍선 등에 쓰이는 건 생고무가 아니라 황을 섞은 탄성고무라는 것이야.

물과 같이 작은 분자로 이루어진 물질은 얼음에서 물로, 고체에서 액체로의 변화가 일정한 온도에서 갑자기 일어나는 거야. 그런데 큰 분자로 이루어진 물질은 캐러멜이나 유리처럼 고체로부터 액체로 바뀌는 온도의 폭이 커서 차츰차츰 부드러워지잖아? 생고무도 마찬가지로 겨울과 여름의 온도 사이에서 딱딱한 고체로부터 반액체의 상태로까지 변화하는 거다.

그런데 가황[02]이라고 해서, 황과 섞어 가열해 주면 고무분자 속 이중결합 부분이 일부 열려서 황과 결합하여 다리가 놓이게 된단다(〈그림 Ⅶ-8〉).

이렇게 되면 분자와 분자 사이가 엇갈려 움직이기 어렵게 돼. 따라서 온도의 영향이 적어진단다. 그래서 겨울이나 여름에도 탄성이 있는 거야.

02 생고무에 가황제를 섞어서 고무분자 사이에 다리를 이룬 구조를 만드는 조작을 가황(Vulcanization)이라고 하는데, 이것에 대한 고무의 신축성이 증가하고 침식당하기 어렵게 된다. 황이 고무의 6% 정도 혼합된 것이 연고무, 30%일 때는 에보나이트가 된다.

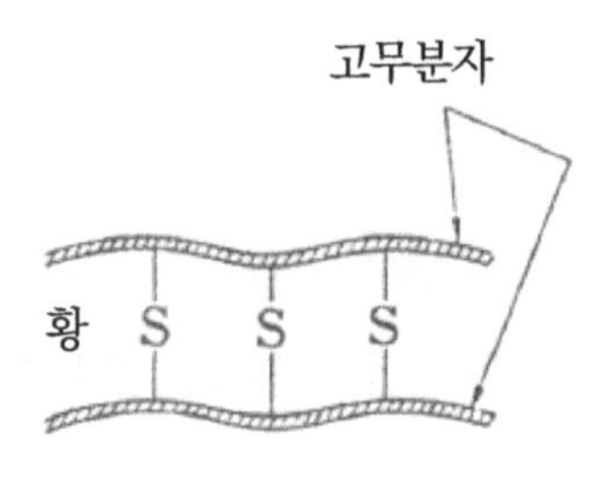

그림 Ⅶ-8 | 황과 고무분자

따라서 이걸 탄성고무라고 하는 거다. 고무풍선을 부풀렸을 때 본래의 상태로 되돌아가지 않는 건 이 분자와 분자 사이의 황의 다리가 이동하기 때문이라고 생각하면 어떻겠니? 처음 1개의 분자 왼쪽에서부터 세 번째의 C와 이웃 분자의 같은 세 번째가 S와 연결되어 있었다. 그게 세게 잡아 당겨짐으로써 처음 분자의 다섯 번째와 다음 분자의 세 번째가 S로 연결되게끔 이동했다고 하면, C원자 2개의 몫만큼 본래의 상태로 되돌아가지 않게 된다는 거지.」

「아, 그렇구나. 고무풍선을 부풀게 함으로써 일종의 화학반응이 일어난 거군요.」

「그렇단다.」

「저는 고무풍선이 부푸는 건 물리적인 변화라고만 생각했었어요.」

「대체로 그런 거야. 그러나 마이크로적으로 보면, 일부 화학반응도 일어나고 있다고 말할 수 있을 거야.」

「그래도 이상하잖아요? 어떻게 같은 이소프렌이 고무 속에서는 시스형으로 중합하고, 구타페르카 속에서는 트랜스형으로 중합할까요? 같은 천연의 나무속에서 얻어진 건데도…….」

「정말 이상하지. 하지만 곰곰이 생각해 봐. 수진이가 비프스테이크나 가다랑어회를 먹었어도 소나 물고기가 되지는 않잖아? 수진이 자신의 신체를 만들고 있는 것이지.」

「그야 그렇죠. 먹은 건 소화해 버리니까요.」

「그래, 쇠고기의 단백질도 생선의 단백질도 위나 장 속에서는 소화, 분해되어서 아미노산이 되잖니. 아미노산이라는 단량체(모노머)가 중합해서 단백질로 되어 있으니까. 아미노산이란 건 20여 종류가 있지. 그 아미노산이 배열되는 순서의 차이로 여러 종류의 단백질이 만들어지는 거다.

그러므로 쇠고기를 먹거나 생선을 먹어도 소화해 버리면 20여 종류의 아미노산의 화합물이 되는 거야. 그걸 원료로 해서 수진이의 몸을 만들고 있는 단백질을 합성하는 것이니까 수진이는 소나 물고기가 되지 않는 거지.」

「아, 그렇다면 수진이의 몸속에는 이런 아미노산을 배열해서 이상형의 단백질을 만들라고 명령하는 무엇이 있다는 거예요?」

「그래. 그 메커니즘은 간단하지 않아. 그럼 다음에는 이것과 관련된 이야기를 하자. 그러면 이소프렌이 왜 고무나무 속에서는 시스형으로 연결되고, 구타페르카 속에서는 트랜스형으로 연결되어 있는지, 그 원인을 알게 될 거야.」

「아, 알았다. 이소프렌분자가 많이 있다고 하고, 그것들이 시스형으로 연결되느냐, 트랜스형으로 연결되느냐 아니면 그대로라면 그 확률이 같을 테지요. 그래서 이 두 가지 반응 중에서 한쪽을 권장하거나, 다른 쪽을 방해하는 게 있으면 되겠네요.」

「그래, 잘 생각했어. 그럼 그 이야기로 들어가자.」

Ⅷ. 반응을 특정 방향으로 이끄는 정보전 달자 - 촉매

1. 촉매는 중매쟁이인가, 교통경찰인가?

「자, 수진이 핏속에 소화, 흡수된 아미노산의 혼합 용액이 저장되어 있다고 하자. 지금 가령 아미노산을 A, B, C의 세 종류라고 하고 세 종류가 모두 같은 정도의 크기, 같은 정도로 운동하고 있다고 하자. 그리고 존재하는 양도 같다고 하는 거야. 그러면 A와 B, B와 C, C와 A가 충돌하는 횟수는 거의 같아지겠지. 그리고 반응하는 비율도 같다고 하면, 얼마만큼 시간이 지난 다음 수진이의 몸속에는 ABC, ACB, BAC라는 세 종류의 화합물이 거의 같은 양으로 되어 있는 게 되겠지.

그런데 만약 A와 B의 결합을 다른 결합보다 촉진하는 어떤 물질이 있었다면 ABC, BAC로 결합된 화합물이 ACB보다 많아졌을 거라고 생각할 수 있겠지.」

「아, 알았다. 그런 작용을 하는 게 촉매지요.」

「그래, 맞아. 그런데 너희가 배운 촉매에는 어떤 게 있었니?」

「과산화수소로부터 산소를 얻는 데서 이산화망간을 썼어요.」

「중학생 때 녹말의 가수분해 실험에서 아밀라아제를 썼는데, 그것도 촉매의 일종이죠.」

「그래, 그런 실험을 했구나.」

「실험은 하지 않았지만 수업 중에 암모니아를 합성하는데, 산화철과 알루미나를 혼합한 촉매를 쓴 게 있었어요. 그 암모니아의 합성에 성공했기 때문에 독일이 제1차 세계대전을 일으킬 결심을 했다더군요.」

「그래 하버법이라는 거지. 이건 화학공업에 촉매를 본격적으로 이용한 대표적인 거야. 자, 그럼 촉매란 무엇이냐, 너희들은 그 정의를 어떻게 배웠니?」

「음…. 자신은 화학반응에 관여하지 않고서 다른 것의 화학반응의 속도를 바꾸는 물질이라는 걸로 기억하는데요.」

「그렇군. 말하자면 촉매는 교차로에서 있는 교통경찰과 같은 역할을 하게 되겠군. 자신은 자동차를 운전하지 않지만 차의 소통을 원활하게 해서 전체적으로 자동차의 흐름을 빠르게 한다 이거지.」

「네, 맞아요.」

「확실히 그런 촉매도 있을 것 같아. 너희는 쓴 적이 없겠지만, 나이 많은 분들이 사용하는 백금 주머니난로라는 것이 있지. 석면에다 백금의 미립자를 붙인 촉매를 쓰는 거야. 그 표면에서는 휘발유가 얌전하게 타거든. 즉 낮은 온도에서 빠르게 연소하게 하는 셈이지. 이 경우 백금은 그저 있기만 할 뿐이라고 생각되기 때문에, 확실히 교통정리를 하는 교통경찰의 역할을 하는 걸로 보이지.

마찬가지로 차의 흐름을 원활하게 하는 것으로 페리보트와 같은 것도 있단다. 페리의 경우, 자동차를 한번 실어다 건너편 부두에 날라주고 다시 되돌아오잖아. 이 경우는 한 번 반응에 관여하는 셈이지.」

「그런 촉매도 있나요?」

「사실은 말이야. 촉매의 작용은 아직도 잘 모른다고 할 수 있어. 인간이 쓰고 있는 여러 가지 물질 중에는 그 성질이나 작용을 확실히 알고, 그 성질을 이용하는 것도 많아. 예를 들면 산은 금속의 산화물을 잘 녹인다는 성질을 알고 있고, 그 성질을 이용해서 녹을 없애는 데 쓴단다.

그런데 촉매는 그 작용을 알지 못한 채로 이용되어 왔단다. 그래서 새로운 촉매를 찾는데도 성질을 알고서 찾는 게 아니라, 나쁘게 말하면 무엇이든 닥치는 대로 실험하는 방식으로 찾아왔다고 할 수 있어.

너희가 지금 말한 하버법의 촉매도 말이야. 하버를 비롯한 공동연구자들이 천수백 종류의 물질을 하나하나 실험해서, 산화철에 알루미나를 섞는 게 좋다고 해서 발견된 거라는 이야기야.」

「천수백 종류라고요?! 그걸 모두 실험한 거예요?」

「그렇지. 그것도 닥치는 대로라고 말했지만, 이런 걸 그대로 쓴 건 아니야. 예를 들면 니켈촉매를 실험하려면, 근처에 있는 니켈판을 얇게 깎아서 쓰는 그런 게 아니야. 그 제법의 한 가지를 예로 들어 이야기 할까.

우선, 황산니켈을 재결정법으로 정제하는 거다. 이걸 물에 녹여서 농도를 일정하게 한다. 여기에 암모니아수를 천천히 가해서 수산화니켈의 침전을 만들고, 이 침전을 잘 씻어서 여과하여 건조시킨 다음, 그걸 수소의 기류 속에서 가열하면서 환원시켜 니켈을 만드는 거다.」

「아이고, 굉장히 복잡하네요.」

「이처럼 제조방법을 확실히 정해두지 않으면 같은 성능을 지닌 걸 두 번 다시 만들 수가 없는 거야. 촉매라는 건 민감하기 때문이지. 불순물이 조금만 들어 있어도 성능이 크게 달라지거든. 암모니아를 가할 때의 온도 차이라든가, 암모니아를 지나치게 많이 가했다든가, 조금 부족했다든가 이런 것으로도 성능이 바뀔 정도거든.」

「이만저만한 일이 아니라는 느낌이 들어요.」

「이야기가 옆길로 샜지만, 촉매는 그 작용 메커니즘이 알려지지 않은 채로 쓰여 왔다는 거지. 최근에는 물질의 구조를 조사하는 방법이 발달해서 그 메커니즘도 비교적 많이 알려지게 되었어. 그래서 촉매는 화학반응에 관여하고 안하고의 경계가 명확하게 구분되어 있지 않다고 생각하게 되었단다.」

2. 촉매의 작용을 중수로써 조사한 연구

「여기서 촉매의 작용을 미루어 알 수 있는 한 가지 연구를 이야기해 보자. 너희들은 중수라는 걸 알고 있겠지?」

「네, 수소의 동위원소로서 질량수가 2인 중수소와 산소가 화합한 물질이에요.」

「그래, 맞아. 보통의 수소를 H, 중수소를 D로 나타내는데, 보통의 물은 H_2O인 것에 대해 D_2O 또는 HDO로 나타내는 물이 중수[01]겠지. 사실 산소에도 동위원소가 있으므로, 물분자에도 더 많은 종류가 있는 게 되지만 여기서는 간단하게 물은 H_2O, 중수는 D_2O라고 하자.

지금 비교적 중수가 진하게 섞인 물을 플라스크에 담고, 위의 공기를 수소로 치환해서 마개를 막았다고 하자. 얼마쯤 지나면 수소는 물속에 녹거나 공기 속으로 나가거나 해서 평형에 이르게 되겠지. 그러나 중수 속 중수소원자가 기체 속 수소분자에 치환되어 들어가는 일은 없단다. 즉 중수분자 속 D-O의 결합은 끊어지지 않는다는 거야.

그런데 이 플라스크 속에 작은 백금조각을 넣으면 어떻게 될까? 불과 몇 시간이 지나면 기체 속에 중수소 D_2가 검출돼.」

「왜 그렇게 되죠?」

「즉, 중수소 속 D와 기체의 H_2 속의 H가 바뀌어 들어간다는 이야기야. 이 반응은 작은 백금 조각이 일으킨 셈이지. 이런 변화를 모형으로 생각해 보면 좋을 거야. 이 〈그림 Ⅷ-1〉을 보렴.

---

01 물에는 H_2O, D_2O, T_2O, HDO, HTO, DTO 등이 있을 수 있다. 우리가 일상생활에서 쓰고 있는 물은 보통 H_2O이지만, 중수도 널리 이용된다.
수돗물 1t에는 무거운 중수가 150g, 태평양 물에는 이보다 더 많아서 약 165g이 포함되어 있다.

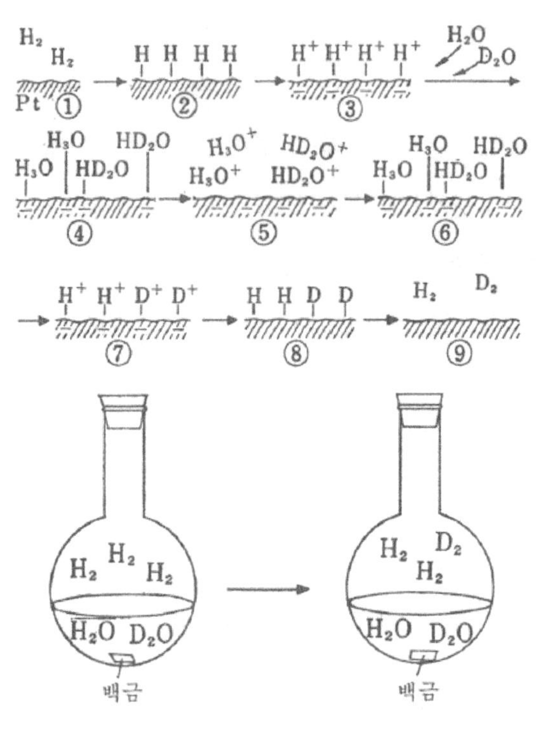

그림 Ⅷ-1 | D와 H의 교환

①은 백금판과 물에 녹은 수소분자가 아직 접촉하지 않은 부위, ②는 수소분자가 백금 표면에 흡착한 부위, 그리고 ③은 중성의 수소원자로부터 전자가 백금으로 이동한 부위, 즉 백금 표면에 H^+가 흡착된 모습이라고 할 수 있지. 거기에 물분자가 충돌하는 거야. 지금 보통 물인 H_2O분자와 중수인 D_2O분자가 충돌했다고 하자. 그러면 수소이온은 물분자와 결합해서 옥소늄이온(히드로늄이온)이 되는 거야④.

이 옥소늄은 분자운동으로 백금으로부터 떨어져서 액 속을 자유로이 움직이는 거야⑤. 그리고 또 백금판에 충돌해서 흡착하는 경우가 있지⑥. 그리고 앞의 경우와는 반대로 물분자와 수소이온으로 갈라져서 중성의 물분자를 만든단 말이야. 이때 중수로부터 생긴 옥소늄이온은 D^+와 치환되는 일이 있다⑦. 그리고 수소이온은 흡착을 멈추고 기체분자로 되어서 나가는⑨ 셈이야. 그래서 기체 속에 중수소가 나타나게 되는 거란다.」

「그렇게 잘 흡착하고 떨어지고 하는 거예요?」

「끊임없이 평형상태에 있다고 생각하면 어떻겠니. 그렇지, 저 개수통 속 젖어 있는 곳의 물만 해도 그런 거야. 여기에 공기 속으로부터 산소나 질소분자가 뛰어들어서는 녹고, 또 녹은 가운데서 공기 속으로 뛰어나가는 식으로 평형상태에 있는 거지. 이 그림의 경우도 운동에너지가 조금 적은 분자는 백금에 붙잡혀 흡착되고, 그것이 또 열에너지를 조금 얻으면 떨어져 나가거든. 그러니까 ①~⑨ 사이는 줄곧 평형상태에 있는 거야. 이 평형 속에서 H와 D가 교환되는 거야.」

「백금에 흡착되는 단계가 없다면 D_2O의 D와 O의 결합은 끊어지지 않는다는 거군요.」

「그래, 여기에 바로 백금의 촉매로서의 작용이 있다고 말할 수 있겠지. 일반적으로 화학반응이라는 건, 분자 속 원자 결합의 재결합인 거다.

재결합을 위해서는 이미 만들어져 있는 결합을 한번 절단할 필요가 있지. 가열하면 화학반응의 속도가 증가하는데, 이건 분자 속 원자의 결합을 절단하는 에너지를 얻기 위한 거야. 이걸 활성화에너지라고 하지.

촉매는 흡착함으로써 이 활성화에너지[02]를 낮추는 것이라고 생각하면 된단다.」

「그렇다면 좋은 촉매란 반응물질의 분자를 잘 흡착하는 물질이라고 하겠군요.」

「그렇지. 촉매의 표면에 분자가 흡착된다는 게 촉매의 작용에 중요한 점이라고 할 수 있지. 그 흡착 정도가 비교적 가벼운 상태의 것을 **물리적 흡착**, 화학결합에 가까운 센 흡착을 **화학적 흡착**이라고 말하기도 해. 실제로는 여기서부터가 물리적 흡착, 여기서부터는 화학적 흡착이라는 한계는 분명하지 않아. 어쨌든 흡착을 하기 위해서는 촉매의 표면이 넓어야 하는 게 중요한 거야. 육안으로 관찰할 수 있는 표면이 아니라 분자·원자의 레벨에서 본 마이크로 세계의 표면인 거야. 앞에서 말했듯이 니켈판을 깎아서 만들어서는 안 되고, 예를 들어 황산니켈의 수용액에 암모니아수를 가해서, 수산화니켈로 만들어 침전시키고, 그걸 건조시켜 가열해서 산화니켈로 만든 다음, 다시 그걸 수소기류 속에서 환원해서 만드는 방법에 의한 것도 이 마이크로 세계의 표면적을 넓히기 위해서야. 분말로 만들고 더욱이 그 분말은 해면처럼 다공질인 것이 더 좋은 거다. 이런 계산을 할 수 있겠지.

1㎤의 주사위 모양의 물질을 세로, 가로, 높이를 모두 1마이크로미터

02 반응을 일으키기 위해 필요한 최소한의 에너지를 활성화에너지라고 한다. 화학반응에서 촉매가 없을 때보다, 촉매가 있을 때 활성화에너지가 낮아지므로 낮은 에너지로 반응을 일으킬 수 있다. 따라서 촉매가 존재하면 반응속도가 증가한다.

의 얇은 두께로 자르는 거다. 그렇게 하면 1㎛^{3}(입방마이크로미터)의 미니 주사위가 많이 만들어질 거야. 그 표면적의 총합계는 6만 ㎠가 된단다. 본래의 주사위의 표면적은 6㎠니까 1만 배가 되는 거지. 그러나 실제로 사용하는 촉매는 1㎤의 가루의 표면적이 200만 ㎠가 된다고 하니까, 얼마나 표면적이 큰지를 알 수 있을 거야. 이런 다공질의 표면에 흡착되면, 흡착된 분자의 혼잡성이란 1만 기압의 기체 속에 분자가 섞여 있는 정도의 혼잡성이 되는 거야. 1기압에서 1개의 분자가 차지하고 있던 공간 속에 1만 개의 분자를 채워 넣었다는 거지. 그러니까 분자 사이의 충돌 횟수가 증가하고 화학반응도 일어나기 쉬워지겠지.」

「1만 기압! 그럼 부피가 1만분의 1이 되니까, 분자와 분자 사이의 간격은 대충 $\sqrt[3]{10000}$이 되는 셈이군요.」

「그래, 가만있자…. 전산기로 계산하면 약 21.5이지. 21.5㎝ 떨어져 있던 게 1㎝로 접근한다는 이야기지. 이런 숫자에 의한 비교보다 더 실감나는 이야기를 할까. 앞에서 말한 수소의 기류 속에서 환원시켜 만든 니켈촉매 말이다. 이걸 그대로 공기 속에 내놓으면 금방 탁탁 불꽃을 튕기면서 타버린단다.」

「네? 왜요?」

「산소를 흡착해서 니켈이 산화하고, 열이 나서 탈만큼 세차게 반응하기 때문이지.」

「와! 촉매란 만들기도 보관하기도 어렵군요.」

촉매의 위력

「하기야 너희들이 산소를 만들 때 사용하는 이산화망간처럼 병 속에 넣어 두기만 해도 되는 것도 있지.」

「흡착되는 물질은 어느 것이나 마찬가지로 흡착되는 건 아니잖아요?」

「물론이지. 그러니까 암모니아 합성에는 산화철 플러스 알루미나가 좋다. 일산화탄소와 수소로부터 탄화수소를 만드는 데는 니켈이 좋다는 식으로 각각 단골이 있는 거란다.

백금이나 니켈 등의 무기촉매는 그래도 꽤나 폭이 넓어서, 몇 가지 반응에 촉매가 된단다.

그런데 말이야. 유기촉매라고 불리는 효소는 한 가지 반응에 한 종류의 효소로 한정되어 있단다. 너희가 알고 있는 거로는 아밀라아제가 있을 거야. 녹말을 맥아당으로 분해하는 효소지. 맥아당을 포도당으로 분해하는 데는 말타아제라는 다른 효소가 필요해. 이걸 산을 촉매로 해서 분해하면 녹말에서부터 포도당까지를 단번에 진행할 수 있는 거야.」

「그럼, 효소는 무기촉매보다 능력이 낮다는 거예요?」

「아니야, 천만에! 촉매능력은 효소 쪽이 엄청나게 크단다. 다만 스페셜리스트[03]인거야.

음……, 이런 비유를 해보면 어떨까? 중학교의 과학 선생님은 매우 힘들 거야. 물리, 화학뿐만 아니라 때로는 생물, 지구과학도 가르쳐야 하는 경우가 있거든. 그러나 고등학교에서는 물리나 화학 등 각각 전공 분야별로 선생님이 정해져 있잖니. 더욱이 대학교수에 이르러서는 "나는 유기화학의 어느 분야가 전공이니까 다른 화학은 모른다." - 이런 말이 통한단 말이야. 아마 대학교수에게 중학교 선생님을 하라면 손사래를 칠거야. 대학교수들은 자기의 전공 분야만은 굉장히 자세히 알지만 다른 부분은 잘 모르거든.」

「그렇다면 중학교 선생님은 무기촉매이고, 대학교수님은 효소라는 말이네요.」

「글쎄, 그렇다는 비유야.」

「그럼, 왜 효소는 그렇게 전문적이 되는 거예요?」

---

03 효소는 그 종류에 따라 작용하는 기질이 정해져 있어, 각각의 효소가 기질에 대해 특이성을 갖는데, 이것을 효소의 기질특이성이라고 한다.

3. 이소프렌을 시스형으로 중합하는 효소

「글쎄다……. 한마디로 말해서 효소가 작용하는 상대는 복잡한 형태의 유기화합물이기 때문이라고 할 수 있겠지. 앞에서 예로 든 백금에 흡착할 때의 수소는 H_2라는 훨씬 더 작은 분자였지. 니켈을 촉매로 할 때의 탄화수소도 비교적 단순한 형태의 분자이고, 그것에 대해 단백질이나 지방 등 효소가 작용하는 유기화합물은 분자가 크고 복잡한 구조를 가졌거든. 이 복잡한 구조 속에서 어느 부위를 잘라낼까, 어느 부위에 무엇을 작용시킬까 하는 등의 반응에 관여하기 위해서는 효소의 일부분이 그 유기물의 핵심적인 구조 속에 정교하게 들어가거나, 반대로 자기 속으로 잘 받아들이거나 할 필요가 있는 거지. 말하자면 열쇠와 자물쇠처럼 딱 들어맞는 구조가 필요한 거야.」

「아, 그러면 백금에 의한 수소의 흡착 등은 문에 빗장을 치는 정도의 문단속이군요. 좀 복잡해지면 걸쇠를 더 다는 정도고, 도둑이 들지 못하게 하려면 자물쇠가 필요하고, 열쇠가 없으면 문을 열 수 없는 것과 같군요.」

「하하하, 그렇지. 우리 몸속에서 생리작용이 원활하게 진행되기 위해서는 금고의 자물쇠 정도로 숫자를 맞추고 또 열쇠도 써야 할 정도로 엄밀한 촉매작용이 연속적으로 일어나고 있다고 생각하면 될 거야.」

「그렇군요. 촉매라고 하지만 아주 단순한 것에서부터 복잡한 것까지 있다는 걸 알았어요.」

「자, 그럼 이젠 본론의 이소프렌으로부터 고무가 만들어질 때의 이야기로 들어가자. 즉 이소프렌을 시스형으로 중합하지 않으면 안 되었지?」

「네.」

「자, 그래서

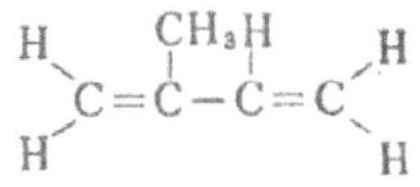

$$\begin{array}{c} H \quad CH_3 \; H \quad H \\ C=C-C=C \\ H \qquad\qquad\qquad H \end{array}$$

이라는 이소프렌의 이중결합 중의 1개를 열어서 중합시킬 때

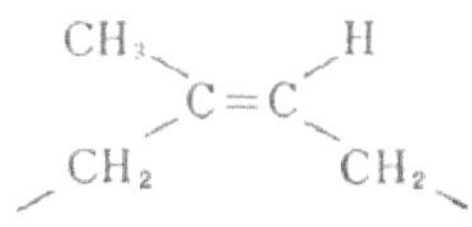

$$\begin{array}{c} CH_3 \qquad H \\ C=C \\ CH_2 \qquad CH_2 \end{array} \qquad (a)$$

가 되느냐,

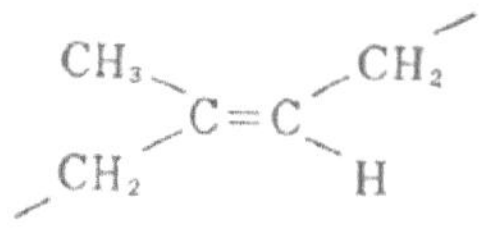

$$\begin{array}{c} CH_3 \qquad CH_2 \\ C=C \\ CH_2 \qquad H \end{array} \qquad (b)$$

가 되느냐로 중합의 방향이 달라지는 셈이야. (a)라면 시스형 결합으로, (b)라면 트랜스형 결합으로 늘어나게 되겠지.」

「그렇군요.」

「그러면 (a)형의 모노머를 만들만한 촉매라면 고무를 만들기에 좋은 셈이겠지. 이걸 모형적으로 생각해 보자.

지금 블록을 쌓는다고 가정하자. 〈그림 Ⅷ-2〉의 오른쪽 블록은 2라는 숫자 모양인데, 이걸 트랜스형 블록이라고 해. 그리고 왼쪽은 시스형 블록이라고 해. 이 그림과 같이 시스형 블록 쪽은 로프 끝에 갈고리를 달아 두고 블록을 감아서, 갈고리를 로프에 걸기만 해도 크레인으로 들어 올려 쌓는 곳까지 운반할 수 있을 거야. 그런데 트랜스형 쪽은 한 가닥의 로프로 한 군데만 매달아서는 블록이 기울어져 떨어지지. 그래서 로프 끝을 두 가닥으로 해서, 그 각각에 갈고리를 달아서 걸쳐 주어야 하는 거야. 더욱이 두 가닥의 로프는 길이가 다르지 않으면 블록을 수평으로 달아 올릴 수가 없는 거야.

자, 이렇게 되면 한 가닥의 로프가 달린 크레인으로는 시스형의 블록밖에 쌓지 못하지. 끝이 두 가닥인 로프의 크레인으로도 시스형 블록을 달아 올릴 수는 있지만, 그때마다 로프의 한쪽이 방해가 되어 능률이 나빠질 거야.」

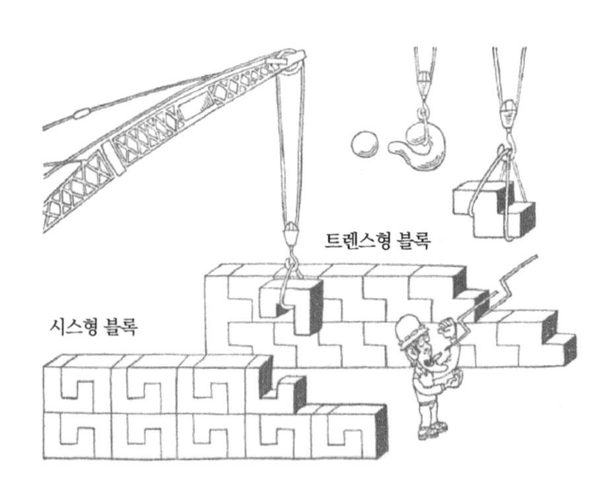

그림 Ⅷ-2 | 두 종류의 블록

「아, 알았어요. 로프가 달린 크레인이 촉매이고, 로프의 끝이 상대를 고르는 능력을 결정한다는 거군요.」

「그렇지. 즉 촉매의 구조가 시스형 중합을 진행하게 되어 있다는 걸 알 수 있겠지.」

「네, 그럼 실제로 이런 구조를 가진 촉매는 무엇이에요?」

「인간이 고무를 합성하는 경우, 리튬촉매이면 시스형의 폴리에틸렌이 생기지. 그런데 리튬의 동족원소인 나트륨이면 트랜스형의 이소프렌이 생기는 거야. 이런 걸로 보아도 촉매의 작용이 얼마나 섬세한 것인지를 알 수 있을 거야.」

「정말이에요?」

「공업적으로 합성하는 데는 치글러촉매라는 게 쓰이지. 이 촉매에 관해서는 나중에 말하기로 하고, 천연의 고무나무나 구타페르카나무 속에서는 효소가 작용해서 인간이 합성하는 것과는 다른 방법으로 합성이 이루어지고 있는 거야. 다음과 같은 것을 연구결과로 알게 되었지.

효소가 작용할 때는, 또 한 종류의 다른 보조효소라는 게 협력하지 않으면 안 되는 반응도 있어. 그리고 생물의 체내에서 지방이 만들어질 때 등에 작용하는 아세틸 보조효소 A라는 물질이 있단다. 이건 우리가 식용으로 쓰고 있는 아세트산(식초)과 보조효소 A라는 것이 결합한 거야.

보조효소 A라는 건 구조식도 알고 있지만 좀 복잡하니까 여기서는 그냥 그런 거라고만 알고 있어. 어쨌든 분자량이 800 가까이 큰 분자야(나중에 수진이가 세어 보았더니 $C_{21}H_{38}P_3O_{16}N_7S$라는 분자식이었다).

이 효소는 보통 줄여서 HS-CoA라고 쓰지. 이것과 아세트산으로부터 물분자가 빠져나가서 축합한 것이 아세틸 보조효소 A(아세틸코엔짐 A)인 거야.

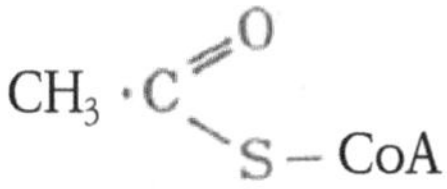

$$CH_3 \cdot C(=O)-S-CoA$$

이라고 쓴단다. 고무나무 속에서는 이 아세틸코엔짐 A가 3분자로부터 출발해서 고무분자가 생긴다는 걸 알고 있어.

물론 몇 단계나 되는 반응에는 각각의 효소가 작용하고 있는 거야.

이처럼 천연의 고무나무 속에서는 몇 종류나 되는 효소와 보조효소가 작용해서 반응이 매우 원활하게 진행되어 고무가 만들어지는 거야.

생물의 체내는 정말로 신비로운 거지. 공장 속에서는 뭔가 제품을 합성하려고 하면 원료를 될 수 있는 대로 순수하게 만들거든. 만약 불순물이 있으면 반응이 방해된단 말이야. 그런데 너희 배 속은 어떠니? 매번 다른 여러 가지 음식물을 먹잖아? 위 속에는 그야말로 쓰레기통처럼 갖가지 음식물이 섞여 있잖아. 그 속에서 소화작용이 일어나는 거지. 그러기 위해서는 많은 소화 효소가 작용하고 있는 거야. 그리고 소화가 되면 아미노산이니 포도당이니 하는 모노머분자가 되어서 흡수되어 혈액 속으로 흐르는 거다. 이처럼 그다지 종류가 많지 않은 모노머로부터 체내에 필요한 모든 물질이 만들어지는 거겠지. 같은 단백질이라고 해도 머리카락 같은 게 있는가 하면, 손톱처럼 딱딱한 것도 있지. 근육처럼 기계적인 기능을 하는 것도 있어. 효소 자신도 그렇게 해서 만들어지는 단백질의 한 무리야. 뇌 속에서 생각하거나 계산하거나 하는 물질도 역시 소화되어 혈액으로 운반되는 간단한 물질을 조합해서 만들어진 거야. 그것들을 정교하게 잘 조합하는 기술자가 말하자면 촉매야.」

「그럼 체내에서는 수백 종류의 촉매가 작용하고 있는 거군요.」

「그렇지. 그럼 그런 촉매의 총사령관 격이 되는 촉매 이야기를 해보자.」

4. 세계에서 단 하나밖에 없는 화합물 계열을 만드는 촉매(?)

「그게 무엇인데요?」

「성수라는 인간은 동서고금 이 지구 위에는 단 한 사람밖에 없잖아, 물론 수진이도 그렇고…….」

「그야 물론이죠.」

「그래서 생각해 보자는 거다. 너희 두 사람을 이제부터 몇 년 동안 한 방에 가두어 두고 똑같은 걸 먹인다고 가정해 봐.」

「네? 가두어 둔다고요?」

「그래. 서로 다른 음식물을 먹지 못하게 엄격한 감시를 받으면서 생활하는 거야. 그렇게 몇 년이 지나면 두 사람은 같은 인간이 될까?」

「그렇게 되진 않죠. 저는 저인걸요. 설사 살이 빠져 여윈다고 해도요.」

「그래요. 저도 이렇게 지저분한 사내아이처럼은 되고 싶지 않아요. 흥.」

「그건 왜지? 같은 걸 먹어도 같은 게 되지 않다니. 왜지?」

「그건 말이죠. 음…. 그래요, 저와 수진이는 효소의 종류가 다르다는 거겠지요.」

「그건 그렇겠지만, 생각하면 이상하잖니? 다른 형태의 효소가 있다고 하더라도 그 효소도 같은 음식물로부터 만들어지잖니? 그렇다면 그 효소를 만들기 위한 효소도 있겠지.」

「아, 그래. 유전자, 그렇죠? 우리는 우리 몸을 만드는 유전자를 지니고 있으니까 그런 효소군을 만들 수 있는 거죠.」

「물론, 너희 이야기를 듣고 있으면 정말 즐거워. 그런데 성수야, 유전자의 정체가 무엇인지 알고 있니?」

「네, 알고 있어요. 생물시간에 배웠어요. DNA에요.」

「그래 그렇지. 생물에 관해서는 나는 잘 모르지만, 인을 포함하는 유기화합물 데옥시리보핵산, 줄여서 DNA라고 하지. 생물시간에 배웠을 테니까 더 이상 내가 설명할 필요는 없겠지. 어쨌든 유전자 속에 이 DNA가 두 가닥의 사슬이 되어 나선 모양으로 꼬여 있다는 거야. 그리고 이 두 가닥의 사슬 사이에 가지가 달려서 연결되어 있단다. 이 가지는 네 종류가 있어. 아데닌(A), 구아닌(G), 시토신(C), 티민(T)이라는 네 종류의 염기가 있는데, 그중에서 티민과 아데닌, 시토신과 구아닌이 짝처럼 딱 마주 보게 되어 있단다. 그러니까 DNA의 일부를 모형적으로 그려 보면 〈그림 Ⅷ-3〉 ⓐ와 같이 되어 있는 거야. 이 모형의 기호의 의미는 ⓑ와 같아. 이런 쌍의 가지가 인간의 DNA에는 50억 쌍이나 있다는 거야.

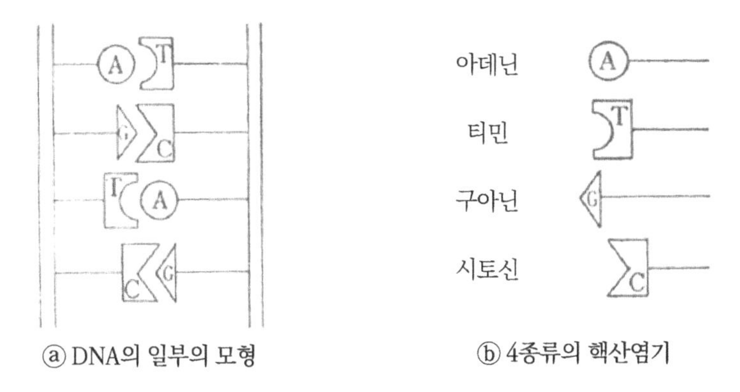

그림 Ⅷ-3 | DNA의 모형

그런데 너희들은 전신에 쓰는 모스부호라는 걸 알고 있겠지. 우리 국문부호는 자모음을 따로따로 해서 그걸 하나로 합치는데, 예를 들면 '할아버지'라고 할 때는 ㅎ(•---), ㅏ(•), ㄹ(•••-) = 할, ㅇ(-•-), ㅏ(•) = 아, ㅂ(•--), ㅓ(-) = 버, ㅈ(•--•), ㅣ(••-) = 지. 이렇게 나타내니까 좀 복잡하지. 영문부호는 A(•-), B(-•••), C(-•-•), 이렇게 해서 26자를 나타내는 거야. 이래서 모든 문장을 송신할 수 있는 거지.

이와 마찬가지로 이 네 종류의 염기 배열에 의해서 여러 가지 정보가 나타난다는 걸 알 수 있을 거야.

정보의 양을 나타내는 단위로는 비트(bit)라는 게 있어. 너희도 학교에서 컴퓨터를 배우니까 이 말도 알고 있을 거야. 예스냐 노냐, 예스다 등의 정보가 1비트지. 인간의 DNA의 50억 가지는 실로 200억 비트의 정보를 전달할 수 있다는 거야. 너희 학교 도서관에 있는 책 전체 만큼에 해당하는 정보량이지. 이런 방대한 정보량으로 성수나 수진이도 이 세상에서 단 한 사람의 인간으로서 만들어진 거지.」

「와! 그럼 200억 비트의 정보가 만에 하나라도 같아진다면 저와 똑같은 인간이 만들어지겠네요.」

「일란성 쌍둥이는 같은 DNA를 갖고 있단다. 하지만 성장하면서 그런대로 다른 점이 나타나게 되지. 이런 점에서 보면 인간의 개성은 DNA만으로 결정되는 건 아닌 것 같아.

DNA가 세포의 핵 속에 있고, 그 정보를 어떻게 해서 다른 부분으로 전달하느냐는 것은 생화학연구의 최첨단 부분에 속하는 것으로 나도 조금밖에 알지 못하니 그 이야기는 접어두기로 하자.

어쨌든 DNA로부터의 정보를 바탕으로 효소가 만들어지고, 그 효소가 목적으로 하는 생화학반응을 하게 한다. 이런 조합으로 우리가 살아가고 있는 거란다.」

「아, 그렇다면 촉매라는 건 "이런 화학반응을 하라"라는 명령을 전달하는 정보꾼이라고 할 수 있겠네요.」

「그렇지. 여태까지 인간은 화학반응을 잘하게 하려는 생각에서 촉매를 찾고 있었는데, 촉매란 화학반응의 속도를 바꾸는 물질이라고 정의하고 있었던 거야. 그러나 촉매를 주로 해서 생각하면, 촉매라는 건 어떤 화학반응을 하게 하는 정보를 지니고 있는 물질임을 뜻하게 될지도 모르지.」

「와! 그렇다면 DNA야말로 촉매의 총사령관이 되겠군요.」

「그리고 그 총사령관으로까지 거슬러 올라가면 온 세계에는 한 종류 밖에 없는 거야. 그것에 의해서 성수가 태어난 거다.」

「와! 이소프렌에서 고무가 만들어지는 것으로부터 굉장한 이야기로 발전했어요. 저의 촉매관은 이걸로 크게 바뀌었어요.」

「요즘 이 촉매의 총사령관에게 인간이 손을 대기 시작하여, 자연계에 없는 생물을 만들 수 있는 시대가 되고 있단다. 이 DNA도 화학물질이고, 이것에 인간이 손을 대는 것도 화학적인 방법이야. 화학이 다루는 영역은 이미 여기까지 온 거야. 인간이나 생물계에 미치는 영향은 여태까지와는 그 양상이 크게 달라지고 있어.

성수가 이제부터 화학을 공부하려면 이와 같은 인류나 생물 전체에 대한 책임을 자각해야 할 거다.」

「네, 알겠어요. 암모니아 합성의 촉매 발견이 제1차 세계대전을 일으켰다고 하고, 노벨의 다이너마이트 발명이 전쟁의 양상을 바꾸어 놓았다고 하니, 이제부터의 화학은 지구의 운명을 바꾸어 놓게 되겠군요.」

IX. 이소프렌 합성 연구 이야기

1. C_2와 C_3으로부터 C_5가 생기겠지(?!)

「촉매 이야기에서 많이 벗어났는데, 다시 본론으로 들어가자. 고무의 성분이 폴리이소프렌이라는 걸 알았고, 그 구조도 알았고, 고무가 왜 늘어나느냐는 것도 생각해 보았지.

그럼, 다음에는 인간이 천연고무와 같은 걸 만든다고 생각해 볼까.」

「합성고무 말이군요.」

「그래, 내가 합성고무의 원료인 이소프렌을 만드는 연구를 꽤나 오랫동안 했으니 그 이야기를 해보자. 이걸 통해서 연구를 진행하는 방법을 너희가 알아주었으면 해.」

「합성고무의 원료를 말하는 거군요.」

「그래, 오늘날에는 석유화학공장에서 비교적 많은 이소프렌을 얻고 있지. 에틸렌을 제조하는 과정에서의 부산물이란다. 석유는 여러 가지 탄화수소의 혼합물이었지. 그러니까 원유는 그대로 사용하지 않고 분류(分

留)로 크게 나누는 거야.

우선 상온에서 기체의 성분, 다음에는 끓는점이 낮은 순서로 휘발유, 중질휘발유, 나프타, 등유, 경유, 중유를 얻어내면 뒤에는 아스팔트가 남게 돼. 이들 성분은 각각 용도가 다르지만, 나프타라고 불리는 성분은 얻는 양에 비해서는 직접적인 용도가 많지 않단다. 나프타라는 건 C의 수가 10개 전후인 탄화수소의 혼합물이지. 그래서 이걸 열분해해서 C의 수가 더 적은 탄화수소를 얻을 수 있는 거야. 열분해로는 녹말을 아밀라아제로 가수분해하듯이 일정한 물질이 생기지는 않아. C가 1인 메탄으로부터 C가 7이나 8인 성분에 이르기까지 여러 가지 물질이 만들어지는 거다. 800~1,000℃ 정도로 열분해하면 에틸렌이 가장 많이 생긴단다. 에틸렌은 용도가 넓기 때문에 이 열분해 설비를 에틸렌 플랜트라고 부르지. 이 에틸렌 플랜트로부터 부산물로서 이소프렌은 대체로 에틸렌의 2% 정도가 얻어지는 거야. 그러므로 1년에 20만 t을 생산하는 에틸렌 플랜트가 있다면 4,000t의 이소프렌을 얻는 셈이지. 우리나라에서는 이걸로 합성고무 원료를 거의 충족하고 있는 셈이야.」

「그렇다면 구태여 이소프렌을 합성할 필요까진 없잖아요?」

「현재로서는 그렇지. 하지만 내가 연구하라는 지시를 받았을 때는 석유화학공업이 막 시작된 단계여서 이소프렌이 충분하지 못했거든. 게다가 고무의 생산국인 남쪽 여러 나라의 사정도 있고 해서 고무의 공급이 불안정했단다. 그래서 트럭의 타이어 등에 이소프렌으로부터 합성한 합성고무가 요구되고 있었던 거야. 이건 일본뿐 아니라 독일이나 프랑스,

미국에서도 한때 이소프렌의 합성연구는 시대가 요구하는 스타였단다.」

「그래서 무엇으로부터 이소프렌을 합성했나요?」

「연구자에 따라서 달랐지. 예를 들면 프랑스에서는 이소프렌과 포름알데히드로부터, 미국에서는 프로필렌으로부터, 이탈리아에서는 아세톤과 아세틸렌으로부터인 것처럼.

우리는 프로필렌과 에틸렌을 생각했지. 이소프렌은 C_5의 화합물이잖아. 그리고 프로필렌은 C_3, 에틸렌은 C_2의 화합물이니까 이 둘을 결합하면 C_5가 되겠지.」

「그렇군요. 직접적인 방법이네요.」

「게다가 에틸렌, 프로필렌은 석유화학공장의 부산물로써 값싸게 얻을 수가 있다는 이점도 있었거든.」

「그래서 에틸렌과 프로필렌을 어떻게 해서 반응시키는 거죠?」

「응, C_2와 C_3을 반응시키면 C_5가 된다고 쉽게 말했지만, 사실은 그렇게 간단하게 되는 게 아니야.

그래, C의 사슬을 결합하려면 어떤 방법을 취하는 건지 공부가 되게 우선 대강의 줄거리를 말해 줄게.

$$H_2C=CH_2 + H_3C-CH=CH_2 \text{ (프로필렌)} \longrightarrow H_3C-CH_2-C(CH_3)=CH_2 \text{ (이소펜텐, 2·메틸·1·부텐)} \xrightarrow{\text{탈수소}} H_2C=CH-C(CH_3)=CH_2 \text{ (이소프렌)}$$

즉, 에틸렌과 프로필렌을 화합해서 이소펜텐을 만들고 이 이소펜텐을 탈수소해서 이소프렌을 만드는 두 단계의 반응을 거치는 거야.

이 뒷단계의 탈수소반응도 다른 화학반응에서 자주 사용하는 방법이므로 그다지 문제가 되지 않아. 문제는 에틸렌과 프로필렌으로부터 이소펜탄이 만들어지느냐는 거야. 그러니까 연구의 초점은 이 반응을 얼마나 잘 진행하느냐에 있다고 생각했지.」

「에틸렌과 프로필렌은 그렇게도 반응하기 어려운 거예요?」

「아니야, 반응이 어렵다기보다 목표로 하는 이소프렌을 얻는 게 어렵다는 거야.

단순하게 조합한다고 해도 그렇겠지. 지금 가령 에틸렌과 프로필렌을 같은 분자 수, 즉 같은 몰수를 섞어서 반응했다고 하자. 그러면 반응장치 속에서 그 분자들이 뛰어다니면서 충돌하겠지. 이처럼 충돌할 때의 조합

그림 IX-1 | 공이량화장치, 제1반응장치

을 에틸렌을 C_2, 프로필렌을 C_3이라고 하면

$$C_2와\ C_3,\ C_2와\ C_2,\ C_3과\ C_3,\ C_3과\ C_2$$

의 네 종류의 조합이 되고 그 빈도는 같은 게 될 거야.」

「그렇군요.」

「그리고 반응하는 게 충돌 횟수와 비례했다고 하면 C_5가 되는 확률은 1/2, 즉 50%가 될 거다.」

「네, C_2와 C_3, C_3과 C_2가 다 C_5로 되니까요.」

「실제의 반응장치 속에서는 이렇게 해서 생긴 1차적인 화합물에 대해서 다시 C_2나 C_3이 충돌해서 2차적인 화합물도 생기는 거야. 그러니까 C_6이라든지 C_7, C_8과 같은 화합물이 생길 가능성이 있지. 또 같은 C_6라고 해도 노르말, 즉 곧은 사슬 모양의 것이 아니라 이소, 즉 가지가 달린 이소프렌이 되면 다시 기회가 줄어드는 거야. 그런 이유로 그저 반응만 해서는 목표로 하는 이소프렌의 수율이 아주 적다고 생각해야 할 거다.」

「그렇겠네요.」

「그러니까 이런 많은 반응의 가능성 중에서 목적하는 이소펜텐이 생기는 반응만이 잘 일어나도록 연구해야 한다는 걸 알 수 있을 거야.」

「이건 매우 어려운 일일 거라고는 예상되지만, 이 방법은 어쨌든 원료가 안정되어 있다는 점에서 매력이 있거든. 그래서 우리는 이런 방법으로 연구를 추진하기로 결심했던 거야. 에틸렌과 프로필렌처럼 다른 단량체(모노머)를 중합하는 걸 **공이량반응**(共二量反應)이라고 하는데, 우리는 우리

의 연구를 **공이량화법**(共二量化法)이라고 부르기로 하고서 연구를 시작했던 거야.」

2. 치글러촉매와 TEA

「연구를 시작하는 데는 우선 여러 가지 문헌을 조사하는 것에서부터 시작한단다. 선배들이 어떤 걸 연구했는가를 알고 자기들의 방법을 확립하기 위한 거야. 우리는 그런 문헌조사 과정에서 치글러라는 독일 화학자의 연구보고를 읽었단다.

너희 교과서에도 폴리에틸렌을 상압에서 만드는 데 성공한 사람이 치글러라고 나와 있을 거야.

이 사람이 발명한 치글러촉매라는 건, 여러 가지 화학반응에 응용되고 있으므로 성수도 대학에 들어가면 반드시 배우게 될 거야. 우리도 이 치글러촉매를 이용하려고 생각했지. 그건 치글러가 발표한 논문의 일부에 다음과 같은 글이 적혀 있었기 때문이야.

"트리에틸알루미늄이 프로필렌과 반응하면 트리펜틸 알루미늄이 되고, 이것에 에틸렌을 작용시키면 펜틸기가 빠져나가고 펜텐이 생기면서 트리에틸알루미늄이 재생된다."

만약 이대로라고 한다면 우리가 생각한 것은 예상외로 잘 진행될 것 같았어. 그래서 우선 이 논문을 다시 추시해 보는 것에서부터 시작했단다.」

「이 트리에틸알루미늄이란 건 무엇이에요?」

「그래, 이걸 설명해야겠구나. 치글러가 상압에서 폴리에틸렌의 제조에 성공했을 때 사용한 치글러촉매라는 건, 트리에틸알루미늄과 사염화티탄의 혼합촉매였던 거야.

사염화티탄이라는 건 너희도 화학식이 생각날 거다. $TiCl_4$라는 무기화합물이니까. 이것에 비해 트리에틸알루미늄은 귀에 익지 않은 화합물일 거야.

트리는 3이라는 뜻이지. 에틸은 C_2H_5-기를 말하는 거고. 즉 알루미늄에 3개의 에틸기가 결합한 화합물이지. 유기금속화합물이라고 불리는 한 무리야. 너희가 들어본 적이 있는 유기금속화합물로는 사에틸화납이 있을 거야.」

「사에틸화납이라고요?」

「주유소에 가면 납이 포함된 휘발유와 납이 없는 휘발유라는 표시가 있을 거야. 납이 있는 건 사에틸화납이 들어 있다는 거야. 이게 들어가면 휘발유의 압축비가 높아져서, 간단히 말하면 엔진의 마력[01]이 증가하는 거야. 납에 4개의 에틸기가 결합된 $Pb(C_2H_5)_4$라는 화합물이지.

이 트리에틸알루미늄도 마찬가지로 알루미늄에 에틸기가 결합한

01 휘발유의 안티노크성을 나타내는 지수의 일종으로 옥탄값이 있는데, 안티노크성을 높이기 위해 옥탄값이 낮은 휘발유에 안티노킹제로 테트라에틸화납 같은 것을 소량 첨가한다.

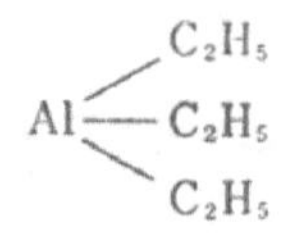

라는 화학식의 화합물이지. 트리에틸알루미늄의 머리글자를 따서 TEA라고 부른단다.

자, 그래서 치글러의 논문에 나와 있던 걸 반응식으로 적으면 이렇게 된단다.

(1) $3CH_3 \cdot CH{=}CH_2 + Al(C_2H_5)_3$
프로필렌　　　　　　TEA

$\rightarrow Al(C_5H_{11})_3$
트리펜틸알루미늄

(2) $Al(C_5H_{11})_3 + 3CH_2{=}CH_2$
에틸렌

$\rightarrow 3C_5H_{10} + Al(C_2H_5)_3$
펜텐　　　TEA

즉, TEA는 반응에 관여하지만, 다시 재생되기 때문에 전체적으로 보면 반응에 관여하지 않는, 말하자면 촉매라고 할 수 있는 거란다.」

「화학적 흡착 이상으로 강한 결합을 한 번은 한다는 거군요.」

「그래, 그래서 우리는 우선 TEA를 만드는 데서부터 시작한 거야.

TEA가 알루미늄의 화합물이라고 하면 너희는 어떤 걸 상상하겠니?」

「글쎄요. 알루미늄의 화합물은 모두 무색이거나 백색이지요. 그러니까 TEA도 색깔은 없다…. 아, 흰 분말이에요.」

「그렇게 생각하겠지. 그런데 TEA는 액체거든. 녹는점이 -52.5℃, 끓는점이 194℃이니까 물보다 훨씬 액체로 있는 폭이 넓은 거란다. 봄베에 넣은 걸 흔들어 보면 액화프로판을 채운 봄베를 흔들었을 때보다 조금 끈적끈적한 느낌이 들어. 비중은 물보다 작아서 0.837이고, 이뿐이라면 평범한 액체라고 생각되겠지만 사실은 매우 위험한 물질이거든.

자, 뒤의 사진을 보렴(〈그림 IX-2〉). 이건 TEA를 50% 정도 톨루엔에 녹인 액을 플라스크에 넣고 마개를 막아 들판에다 두고서, 멀리서 돌을 던

그림 IX-2 | 50% TEA 용액 2ℓ를 공기 속에 방출했을 때

져 플라스크를 깨뜨렸을 때의 광경을 찍은 거야. 가운데의 하얗게 보이는 게 불길이고, 흰 연기가 뭉게뭉게 솟아오르고 있잖니. 이렇게 TEA는 공기에 닿으면 폭발적으로 반응한단다.」

「어떤 반응이죠?」

「공기 속 수분에 의해서 분해되어, 에틸기는 타고 알루미늄은 수산화알루미늄이나 산화알루미늄이 되는 거야. 흰 연기는 이 분말이지.」

「그렇게 무서운 물질을 어떻게 실험에다 사용하는 거예요?」

「응, TEA를 다룰 때는 굉장히 조심해야 해. 실험하는 사람은 소방관 같은 복장을 한단다. TEA를 봄베에서 빼낼 때는 봄베에 연결된 도관, 용기 등에 모조리 질소 가스를 보내서 공기를 몰아낸 뒤에 옮긴단다. 마지막에 도관을 빼낼 때 어쩌다가 TEA의 물방울이 바닥에 떨어지는 경우가 있지. 그러면 펑! 하고 소리를 내며 폭발하는 거야. 처음에는 꽤나 식은땀을 흘렸단다.」

「정말 무시무시한데요.」

「하지만 익숙해지면 괜찮아. 게다가 톨루엔에 녹여 버리면 20% 정도까지는 안전하지. 처음에 우리는 이 TEA의 제조에서부터 시작했기 때문에 그 실패담도 있지만 그건 다음 기회에 얘기해줄게. 어쨌든 이렇게 하는 동안에 미국에서 TEA가 시판되기 시작해서 그걸 사서 실험했지.」

3. 에틸렌이나 프로필렌을 실험실에서 만드는 방법

「자, 다음에는 원료인 에틸렌이나 프로필렌의 제조다. 너희 교과서에는 아마 에틸렌은 알코올을 진한 황산과 함께 가열하면 생긴다고 쓰여 있을 거야. 진한 황산은 탈수제여서 알코올분자로부터 물분자를 제거하는 역할을 한단다.

$$\mathrm{H-\underset{H}{\overset{H}{C}}-\underset{OH}{\overset{H}{C}}-H} \xrightarrow{\text{진한 황산}} \mathrm{H-\overset{H}{C}=\overset{H}{C}-H} + H_2O$$

그러나 실험실적인 방법이라고는 하지만, 많은 양의 에틸렌을 얻는 데는 좀 더 연속적으로 만드는 방법이어야 해. 그래서 우리는 〈그림 Ⅸ-3〉과 같은 장치를 사용했지. 반응은 지금 말한 것과 같은 탈수이지만, 그걸 규조토로써 한 거야. 지름 3㎝ 정도의 내열유리관에 지름 2㎜ 정도의 규조토입자를 채운 게 반응관이야. 이 관을 전기로 속에 넣고 150℃ 정도의 온도로 유지하는 거야.

비스듬히 세운 반응관 위로부터 에틸알코올의 방울을 떨어뜨리는 거야. 그러면 반응관 속에서 기체로 된 알코올은 규조토층을 통과하는 동안에 탈수되어 에틸렌이 되는 거야. 이때 생긴 기체를 냉각기(콘덴서)로 식히면 수분이나 미반응 알코올은 액체가 되어서 밑에 고인단다. 한편 이때 만들어진 에틸렌은 가스탱크로 이끌려서 저장되는 거지.」

「그렇게 간단하게 탈수되는 거예요?」

「그래, 생각보다 간단하게 되지. 원료로 에틸알코올 대신 프로필알코

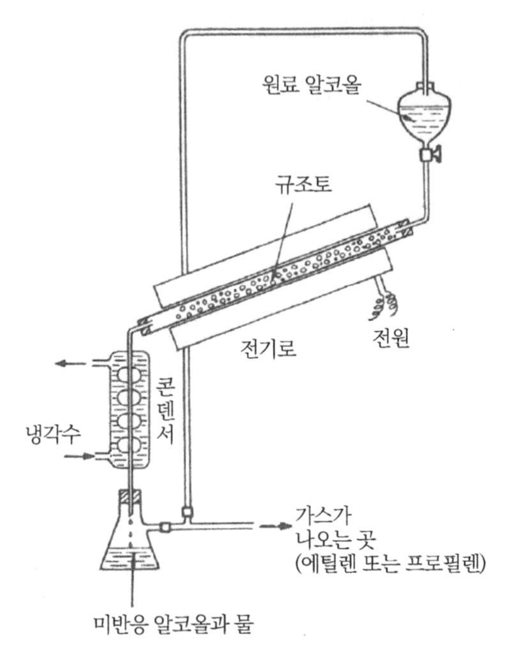

그림 Ⅸ-3 | 에틸렌을 만든다

올을 쓰면 프로필렌이 만들어지는 거야.

$$\begin{array}{ccccccc} & H & & H & & H & \\ & | & & | & & | & \\ H- & C & - & C & - & C & -H \\ & | & & | & & | & \\ & H & & H & & OH & \end{array} \xrightarrow{\text{진한 황산}} \begin{array}{ccccccc} & H & & H & & H & \\ & | & & | & & | & \\ H- & C & - & C & = & C & -H \\ & | & & & & & \\ & H & & & & & \end{array} + H_2O$$

」

「이 가스저장소로 가는 관과 원료가스가 들어 있는 분별깔때기를 길게 연결한 건 왜죠?」

「아, 이건 속의 압력을 같게 하기 위한 거야. 속의 압력이 다르면 알코올이 떨어지지 않게 되거나, 반대로 너무 많이 떨어지거나 하거든. 가스탱크 쪽으로 유도하기 위해서 압력을 조금 내려서 빨아들이는 거야. 이 압력으로 장치 내부를 통일하는데, 실제 실험에서는 그런 곳의 조절이 매우 어렵단다. 너무 빠르게 알코올이 떨어지면 미반응 부분이 많아지고.」

4. TEA와 프로필렌의 반응 – 제1단계의 반응

「원료가 만들어지면 이젠 주반응의 실험이다. 실제는 여기서 원료가스를 분석해서 순도를 확인하게 되는데, 그 이야기는 그만두고 본론으로 들어가자.

치글러의 문헌에 있는 반응에서 첫 단계는 이런 내용이었지.

프로필렌 + TEA → 트리펜틸알루미늄

$$3C_3H_6 + Al(C_2H_5)_3 \rightarrow Al(C_3H_{11})_3$$

그러므로 우선 이 반응을 실험해 보자. 너희 학교에서 하는 실험은 대부분 시험관이나 비커 속에서 하는 일이 많을 거야. 그러나 앞에서 말했듯이 TEA를 공기에 닿게 하면 안 되니까, 이 실험에서는 밀폐된 기구가 필요한 거야. 그래서 우리는 스테인리스로 만든 특별용기를 고안해서 주문했단다.

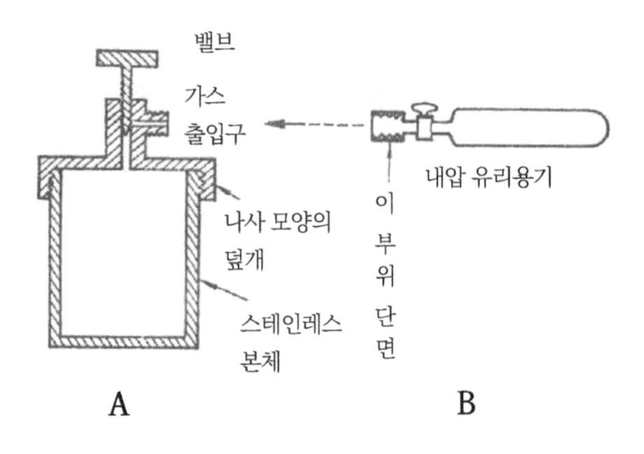

그림 Ⅸ-4 | TEA를 넣는 용기

별건 아니고, 오토클레이브를 소형으로 가볍게 만든 거야(〈그림 Ⅸ-4〉). 밸브가 달린 나사식 덮개가 있는 50㎖와 100㎖의 용기야. 무게는 0.5~1kg인데, 이 정도라면 TEA를 넣고 무게를 달 수 있는 천평이 있거든. 이것에다 프로필렌을 넣는 데는 다시 〈그림 Ⅸ-4〉(B)와 같은 특별한 용기를 만들었지. 이건 두툼한 유리로 만든 내압병인데, 주둥이에 〈그림 Ⅸ-3〉의 용기 주둥이가 딱 들어맞는 암나사가 붙어 있는 거야.

자, 이젠 드디어 실험을 시작하는 거다. 우선 일정한 양의 TEA의 톨루엔용액을 반응용기에 넣고, 전체의 무게를 정확히 측정해서 TEA의 양을 구하는 거야. 그런 다음에 내압병을 드라이아이스와 알코올을 섞은 한제(寒劑)로 냉각하고 그 속에 가느다란 테프론으로 만든 파이프로 프로필렌을 이끌어 주는 거야. 그러면 프로필렌은 내열병 속에서 액화하지. 거기서 내압병을 반응용기의 주둥이에 비틀어 넣고, 이 내압병을 천천히 데워 주면 프로필렌이 기화해서 반응용기 속으로 들어간단다. 그러면 밸브를 닫고 내압병을 빼내고 반응용기의 무게를 재는 거야. 그러면 프로필렌을 넣기 전의 무게와의 차이로부터 그 속에 들어간 프로필렌의 무게를 알 수 있게 돼.」

「과연…. 훌륭한 연구군요.」

「프로필렌은 이것으로 되지만, 제2반응의 실험단계에서 에틸렌을 삽입하려면 이런 방법으로는 안 돼. 그건 에틸렌이 드라이아이스로 냉각해도 액화하지 않기 때문이야. 그러므로 다른 오토클레이브에 압력을 가해서 에틸렌을 넣고, 그걸 반응용기에 연결해서 밸브를 열고, 오토클레이브 속 압력의 감소로부터 들어간 에틸렌의 양을 계산한다는 방법을 취했던 거야.」

「여러모로 연구해야겠네요.」

「이걸로 준비 완료! 거기서 반응용기를 기름중탕(오일배스) 속에 넣어서 정해진 온도로 올려서 반응하면 되는 거야. 그런데 이렇게 시작했더니 아직도 문제가 남아 있었단다. 그건 반응용기 속이 정해진 온도만큼 올라가는 데 시간이 걸리기 때문에 언제부터 반응이 시작되었는지를 알 수 없고 따라서 반응속도를 구할 수가 없다는 거야.」

「아, 그렇군요. 일정온도에서 몇 분 동안 반응했는지를 알 수가 없겠군요.」

「그래. 그래서 다음에 착안한 게 TEA의 톨루엔용액을 유리 앰플에 넣어 밀봉하고, 그 속의 온도가 정해진 온도가 되었을 때 앰플을 깨뜨려서 반응을 시작하게 하자는 방법이었어.」

「어떤 방법으로 오토클레이브 속에 넣은 앰플을 깨뜨리는 거죠?」

「궁하면 통한다는 말이 있지. 좋은 방법을 생각했지. 그건 앰플 속에 깨끗이 씻어서 건조한 슬롯머신 공을 넣어두고서, 정해진 온도가 되었을 때 용기를 세차게 흔들어 주면 돼.」

「아, 생각보다 원시적인 방법이네요.」

「아니지. 원시적인 방법이 의외로 단순하고 효과적인 경우가 많아. 이 방법에서 어려웠던 건 TEA의 톨루엔용액을 어떤 방법으로 앰플 속에 넣고 밀봉하느냐는 것이었지. 어쨌든 넣고 밀봉하기 위해서는 유리를 가열해서 녹여야 하는 데다, 톨루엔이나 TEA가 위험한 약품이기 때문이야. 그러나 이것도 유리세공 기술로 해결했단다.」

「화학자는 유리세공도 할 줄 알아야 하나요?」

「그럼. 화학자는 손재주가 좋아야 하는 거야.」

「아이고, 점점 자신이 없어지네요.」

「하하하, 설마 연필도 깎지 못할 정도는 아니겠지. 생물을 연구하는 사람이나 의사들은 모세혈관이나 신경을 잇는 세밀한 작업을 해야 하거든. 화학의 유리세공쯤은 대단한 게 아니야.

앰플을 깨뜨리는 데는 슬롯머신 공을 2개 넣었을 때가 잘 깨진다는 것도 알았어. 그리고 반응을 시작하게 해서, 시간이 되면 용기를 얼음물 속에 집어넣어서 갑자기 냉각하면 거기서 반응이 멎는단다.」

「정밀한 실험인데도 의외로 거친 일을 하네요?」

「하하, 그럴 수도 있지.」

「이때 만들어진 트리펜틸알루미늄을 빼내면 되는군요.」

「잠깐만! 너희 교과서에서 배우는 정도라면 TEA와 프로필렌으로부터 트리펜틸알루미늄이 생긴다, 이걸로도 충분하겠지. 다른 물질은 없을 테니까 거기서 생긴 걸 빼내면 된다고 할 거야.

하지만 실제로는 어느 정도로 반응했는지를 모르잖니. 그 조건을 찾아내는 게 연구인 거야. 그러니까 한 가지 실험이 끝나면 거기서는 어떤 물질이 얼마만큼 만들어졌는지를 조사해야 하는 거야.」

「아, 정말 그렇군요.」

5. 반응장치 속에는 무엇이 생겼는가?

「그런데 너희는 제1반응이 끝난 반응용기 속에는 어떤 물질이 있을 거라고 생각하니?」

「톨루엔용액 속에서 반응시킨 것이니까 우선 톨루엔이 있는 건 확실하죠.」

「그래, 우선 톨루엔….」

「그리고 제1반응이라는 건, TEA와 프로필렌으로부터 트리펜틸알루미늄을 만드는 반응이니까 그 목적인 트리펜틸알루미늄이 있을 거고요.」

「그렇군. 그리고?」

「어딘가에서 평형상태로 되었을 테니까, 원료인 TEA와 프로필렌 중에 반응하지 않고 남아 있는 게 있겠죠.」

「과연…. 그것도 생각할 수 있지. 그 밖에는?」

「…? 아, 공기와 바뀌어 들어간 질소가스가 있군요.」

「그렇지. 확실히 질소가 있지. 그 밖에는?」

「… 들어간 것과 반응해서 생긴 물질이겠지요…. 그 밖에도 또 있어요?」

「어떻게 생각하니?」

「모르겠어요.」

「그럼, 이렇게 생각해 보렴. TEA는 화학식이 $Al(C_2H_5)_3$이었지. 그것에 프로필렌이 반응하는데, 반응식을 간단히 하기 위해서 TEA를 $Al-C_2H_5$로 줄여서 적기로 하자. 그러면 제1반응이란 건

$$Al-C_2H_5 + C_3H_6 \rightarrow Al-C_5H_{11}$$

가 되지. 그러므로 제2반응은

$$Al-C_5H_{11} + C_2H_4 \rightarrow C_5H_{10} + Al-C_2H_5$$

와 같이 반응해서 다시 TEA가 생기는 것이었지. 즉 알루미늄과 결합한 C_5H_{11}이 C_2H_4로 쫓겨나는 게 이 반응의 특징일 거야. 이걸 이용하자는 게 우리의 목표였어.」

「네…. 그랬군요.」

「그렇다면 말이야. 제1반응에서 생긴 $Al-C_5H_{11}$이 C_2H_4(에틸렌)가 가해

질 때까지 그대로 기다리고 있으라는 법은 없잖아. 아직 남아 있는 프로필렌에 의해서 쫓겨나는 이런 반응이 일어난다는 것도 생각해야 하겠지?

즉

$$Al\text{-}C_5H_{11} + C_3H_6 \rightarrow Al\text{-}C_3H_7 + C_5H_{10}$$

「네, 그래요.」

「또 있지. 프로필렌이 TEA와 결합하지 않고서 TEA의 에틸기를 쫓아낼 가능성 말이다.

$$Al\text{-}C_2H_5 + C_3H_6 \rightarrow Al\text{-}C_3H_7 + C_2H_4$$

와 같이 에틸렌이 생긴다. 그러면 이 에틸렌과 TEA가 반응해서

$$Al\text{-}C_2H_5 + C_2H_4 \rightarrow Al\text{-}C_4H_9$$

와 같이 트리부틸알루미늄이 생긴다. 이것과 프로필렌이 반응해서

$$Al\text{-}C_4H_9 + C_3H_6 \rightarrow Al\text{-}C_3H_7 + C_4H_8$$

이라는 반응도 일어날 수 있지 않겠니?」

「와! 그렇게 생각한다면 아직도 얼마든지 더 있잖아요?」

「그렇지.」

「그럼, 그런 여러 가지 가운데서 목적으로 하는 트리펜틸알루미늄을 어떻게 끄집어내는 거죠?」

「끄집어내는 건 뒤로 하고, 우선은 어떤 물질이 얼마만큼이나 생겼는가를 조사해야겠지. 그리고 될 수 있는 대로 주반응을 많이 일으키고, 부반응을 억제하는 데는 어떤 조건이 좋은가를 연구해 가야 하는 거야. 이런 조건을 찾기 위해서는 원료의 농도, 온도, 압력 등을 조금씩 바꾸어서 수백 번의 실험을 반복해야 해.」

「수백 번씩이나요?」

「수백 번이라는 숫자만으로 놀라면 안 되지. 한 번씩마다 반응 후의 용기 속 성분을 일일이 분석해야 하니까 정말로 굉장한 작업이야. 그러니까 이 분석에 관한 이야기로 옮겨가보자.

우선 반응 후의 용기 속에는 두 개의 상이 있단다. 액체인 부분과 기체인 부분이야. 이 기체인 부분을 **A유분**이라고 부르자. 그리고 액체인 부분인데, 이 속에는 트리○○알루미늄이라고 부를 수 있는, 말하자면 알루미늄에 알칼기가 결합한 화합물이 섞여 있는 셈이지.」

「네.」

「알루미늄에 결합한 상태 그대로는 분석하기 어렵기 때문에, 분석에 앞서 이것에다 물을 가해서 알루미늄과 알킬 부분으로 분해하는 거야. 이걸 정리해서 반응식으로 적으면

$$Al(R)_3 + 3H_2O \rightarrow Al(OH)_3 + 3RH$$

즉, 수산화알루미늄과 RH라는 탄화수소가 될 거야. 하기는 이 탄화수소는 한 종류가 아니라, 몇 종류가 섞여 있는 것이지만….」

「아, 이 탄화수소를 분석해서 조사하면 본래의 형태를 알 수 있는 거군요.」

「암, 그렇지. 머리가 썩 좋아. 자, 잘 들어. 반응용기로부터 그 속의 액체를 피펫으로 일정량을 뽑아내는 거야. 이때 공기에 닿지 않게 하는 연구가 필요한데, 그걸 일일이 이야기하는 건 번거로우니까 생략하기로 하자.

피펫으로 취한 시료를 〈그림 IX-5〉와 같은 가수분해장치의 플라스크에 옮기고 얼음으로 식히면서 물을 조금씩 가해서 반응시키는 거야. 이건 맹렬한 반응이기 때문에 천천히 반응시켜야 해. 그리고 발생하는 기체를 장치 속의 기체유분을 받는 데서 포집하는 거지.

가수분해가 끝나면 플라스크 바닥에 $Al(OH)_3$의 침전이 생겨. 이 침전

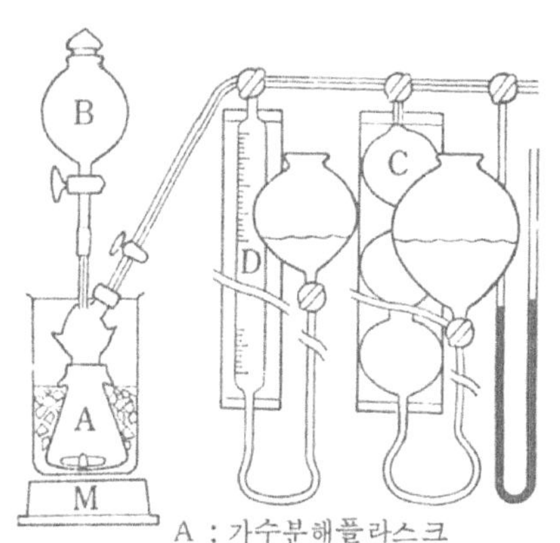

그림 IX-5 | TEA, TAA 가수분해장치

속에는 아직 기체가 포함되었을 가능성이 있으니까 묽은 염산을 가해서 침전을 녹이는 거야.

자, 여기까지 조작을 끝내면 가수분해장치의 기체유분을 담는 곳에 들어가 있는 부분과 물 위에 톨루엔층이 생겨 있어. 이 기체유분을 담는 부분을 **B유분**이라고 하고, 톨루엔에 녹아 있는 부분을 **C유분**이라고 하며, 이상 A, B, C의 세 유분에 대해 각각 분석하는 거란다.」

「어떻게 분석하는 거예요?」

「A, B유분은 기체였지. C유분도 가열해 주면 기체가 되는 거야. 그러니까 모두 기체의 분석, 즉 기체 분석을 하게 되는 거야.

여러 가지 탄화수소를 포함한 기체를 분석하는 데 가장 편리한 방법은 **기체크로마토그래피법**이야.」

「종이크로마토그래피라는 건 배웠어요. 금속이온의 분리였다고 생각돼요. 그것과 같은 거예요?」

「응, 원리적으로는 같다고 생각해도 되겠지.」

「원리라고 하지만, 저는 어떻게 분리되는 건지 모르는 걸요.」

「그래? 그럼 그것부터 간단히 설명할게. 나는 이걸 일종의 장애물 경주라고 생각한단다. 너희가 했던 금속이온의 분리로 생각해 볼까. 지금 시료 속에 Fe^{2+}와 Co^{2+}, 그리고 Ni^{2+}의 이온이 혼합되어 있다고 하자. 이걸 뷰탄올과 염산의 혼합액으로 만든 전개제(시료가 흐르기 쉽게 하기 위한 액)와 섞어서 거름종이(여과지)를 스며 오르게 하는 거야. 말하자면 거름종이의 짬이라는 장애물을 뚫고 빨리 스며 오르는 경주인 거지. 거름종이의 짬이라는 장애물도 가장 방해를 받지 않고 빠르게 스며 오르는 게 Fe^{2+}이온, 그다음이 Co^{2+}이온, 가장 많은 방해를 받아 늦어지는 게 Ni^{2+}이온이야.

그러므로 일정한 시간이 지난 뒤에 올라간 높이에 따라서 세 가지 금속이온이 분리되는 거지. 기체크로마토그래피법도 마찬가지라고 생각하면 될 거야. 기체의 경우 전개제는 운반기체 또는 캐리어가스(carrier gas)라고 불리는데 수소나 헬륨, 질소가스를 사용하는 거야.

시료 기체를 이 운반기체와 섞어서 거름종이가 아닌 유리관에 충전제를 채운 속으로 통과시키는 거다. 이 유리관을 **칼럼**(column)이라고 하는데, 이 칼럼이 장애물인 거야. 이 충전제와 기체성분의 분자 사이의 분자간 인력의 차이나, 분자량의 차이에 따라서 통과하는 속도에 차가 생기는 거지. 그래서 적당한 길이의 칼럼을 통과하면 성분기체가 분리되어 차례차례로 나오는 거야. 마치 마라톤 경주 출발점에서는 수십 명의 선수가

크로마토그래피는 마라톤 경주 같은 것

무더기로 출발하지만, 결승점에서는 제각각 띄엄띄엄 도착한다고 생각하면 될 거야.」

「충전제가 무엇이죠?」

「목적하는 기체에 따라서 다르지만, 우리는 DMF(디메틸포름알데히드)라는 걸 썼지.」

「차례로 나오는 기체라고 하더라도 무색이잖아요. 그걸 어떻게 식별하죠?」

「금속이온인 경우는 거름종이에 발색제를 뿜었지. 기체의 경우는 TCD라는 검출기를 써서 식별하는 거야. 이건 작은 방 안에 백금의 필라멘트가 있는 전구와 같은 거라고 생각하렴. 이 필라멘트에 전류를 통하고 가열한 다음, 여기에 기체를 유도하는 거야. 기체는 그 종류에 따라 열전도도가 다르기 때문에 이 기체에 따라서 필라멘트의 온도가 내려가는 거지. 필라멘트는 온도가 내려가면 전기저항이 감소하거든. 그래서 통과하는 전류가 증가하는 거야. 이 전류의 미묘한 변화를 증폭해서 그래프로 그리게 되어 있는 거야.」

「그걸로 기체의 종류를 알 수 있는 거예요?」

「이것만으로는 알 수 없어. 마라톤선수라면 가슴이나 등에 붙은 번호표로 알 수 있지만. 그래서 미리 성분을 알고 있는 기체를 같은 칼럼에 통과시켜서 조사해 두는 거야.

통과하기 시작해서 몇 분이 지나면 어떤 기체가 나온다는 식으로 말이야. 그것과 비교해서 시료의 기체 속으로부터 몇 분에 나온 기체는 무엇이다라고 판정하는 거지.」

「그렇게 잘 알 수 있을까요?」

「그래, 일단 방법을 확립해 두면 아주 정확하게 분석할 수 있는 거야. 그래프의 피크 너비로부터 그 양도 알 수 있단다.」

「그럼 분석은 기체크로마토그래피법으로 하면 간단하겠네요.」

「그렇게 간단히 생각해서는 안 돼. 크로마토그래피로 하기 전에 꽤나 복잡한 조작이 있거든. 크로마토그래피의 곡선을 읽는 것도 그리 간단하지는 않단다.

〈그림 IX-6〉에서 보듯이 피크가 있는 그래프가 그려지는데, 이 피크의 너비를 정확하게 재야만 하는 거야. 수십 개씩이나 있는 그래프의 피크를 확대경으로 조사하려면 한 장의 그래프를 읽는데도 1시간으로는 끝나지 않아. 눈이 아프거든.

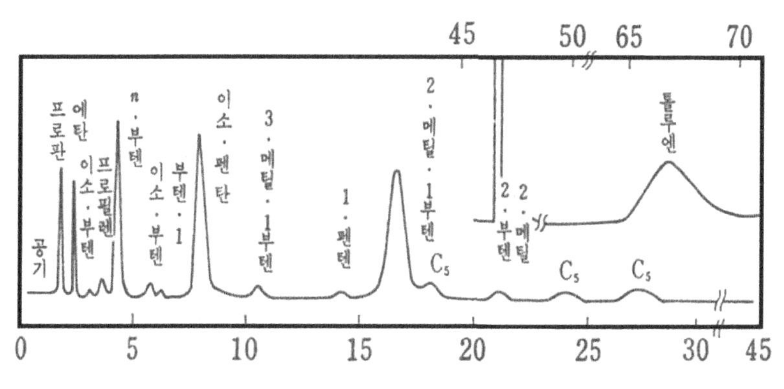

그림 IX-6 | 충전칼럼을 사용한 기체크로마토그래피의 예

근데 이건 옛날이야기고 우리의 연구가 끝났을 무렵에 기체크로마토그래피용 적분기(Integrator)라는 기계가 시판되기 시작했지. 이걸 쓰면 그래프의 피크 너비를 자동으로 측정할 수 있어. 그것도 점점 더 편리해져서, 피크와 피크가 겹쳐진 경우도 어김없이 따로따로 수치를 계산해 내거든.

성수가 연구실로 들어올 무렵에는 더 편리한 게 만들어져서, 해석에 1시간이나 걸렸다거나 눈이 아프다거나 하는 건 전설 속 이야기가 될 거야.

하지만 기체크로마토그래피가 아무리 편리한 거라도 결국 기계는 기계인 거야. 편리한 기계일수록 함정도 있는 거란다. 실패담을 한 가지 들려줄까.

칼럼의 길이를 일정하게 하고 운반기체의 유속을 일정하게 해 주면, 예를 들어 이소프렌은 10분 20초라는 시간에 그래프에 피크가 나타나지. 이건 미리 순수한 이소프렌에 대해서 확인해 두었다가, 실험 때 10분 20초에 피크가 나타나면 아, 이소프렌이다 하고 생각하고 이 그래프로부터 이소프렌의 양을 계산하는 거야.

그런데 말이야, 기계는 이게 이소프렌이다 하고 가르쳐 주는 건 아니야. 10분 20초에 그래프에 피크를 나타내는 기체가 있다고 가르쳐 줄 뿐이야.

어느 때 그래프로부터 1-펜텐이 꽤나 많다는 결과가 나왔었지. 그때의 실험에 가까운 조건의 먼젓번 실험에서는 1-펜텐이 매우 미량이 검출되었거든. 왜 이렇게 근소한 조건의 차이인데도 갑자기 1-펜텐이 많이 나올까, 이상하게 생각했지. 처음에는 기체크로마토그래피에 책임이 있는 거라고는 생각하지 않고, 실험에 무엇인가 잘못이 있는 것으로 생각하고 실험을 반복했지만 도무지 원인을 알 수 없는 거야. 어쩌면 기체크로마토그래피 쪽에 무엇인가 원인이 있지 않을까 하고 생각해서 겨우 원인을 파악한 거야.

기체크로마토그래피에 액체의 시료를 주입하는 데는 마이크로시린지(microsyringe, 미량 주사기)라는 일종의 주사기를 사용해. 이건 부피가 10㎕(1/1000㎖)로 작아. 그래서 세공이 힘들어 무척 값이 비싸단다. 그러니까 한 번 쓰고 난 뒤에도 버리지 않고 속을 깨끗이 씻어서 몇 번이고 다시 쓰고 있어. 이걸 씻는 데는 먼저 벤젠으로, 그리고 알코올, 마지막에는 에테르로 씻어야 해. 마지막에 에테르로 씻는 건 에테르가 매우 기화하기 쉬운 액체라서, 보통 방 안에 두기만 해도 증발해 버리고 그릇 속에는 남지 않기 때문이지. 그래서 먼젓번 시료를 벤젠이나 알코올로 제거하고, 마지막에 건조하기 위해서 에테르를 쓰는 거야. 보통 기구에서는 문제가 없어. 그런데 마이크로시린지는 매우 가느다란 관이 있는 기구잖아. 그래서 에테르가 그런 미세한 부분에 아주 조금 남아서 좀처럼 증발하지 않았던 거야. 이 에테르가 1-펜텐과 같은 위치에서 그래프를 그렸던 거야.

그러니까 편리한 기계나 기구일수록 그 사용에는 세심한 주의를 기울여야 한다는 걸 알 수 있겠지.」

「정말 그렇군요. 기계는 정해진 일은 정확하게 가르쳐 주지만, 그 앞뒤의 일은 인간의 힘인 거네요.」

6. 제1반응의 실험 결과

「그래서 그 제1반응의 실험 결과는 잘 된 거예요?」

「음…. 너희는 잘된 건지, 안 된 건지 어느 쪽이건 흑백을 가리고 싶을 거야. 하지만 이런 반응은 잘됐다, 못됐다 하는 평가로는 되지 않아. 어떤 조건일 때 목적하는 반응이 많이 일어나고 부반응을 억제할 수 있느냐는 조건을 찾아내는 것이니까. 지금 너희에게 자세히 말해도 도리어 이해하기 힘들 거라고 생각하기 때문에 설명은 하지 않을게. 다만 이 용기 안에서 일어나는 몇 가지 반응의 반응률이나 선택률 등이란 걸 계산해서 결과를 판정하는 거란다.

너희가 아, 과연 그런 거로구나 하고 이해했다고 치고 결론을 말할게. 이 제1반응의 온도로는 160℃ 부근이 좋아. 이보다 온도가 높으면 반응속도가 빨라지지만 부반응도 증가하거든. 프로필렌과 TEA의 비율(몰비)은 큰 쪽이 효율이 좋지만, 수율에는 한도가 있어.

TEA의 농도가 증가할수록 반응률이 증가하지만, 그 대신 다루는 데는 위험이 늘거든. 그러니까 50~60% 이상으로는 하지 않는 게 좋아. 대충 이런 이야기야.

이렇게 말하면 1분도 채 안 걸리니까 대수롭지 않은 이야기 같지만, 이만한 걸 설명할 수 있게 되기까지는 수년간의 실험기간이 필요했던 거니까, 연구란 건 마치 바닷속에 돌을 던지는 것과 비슷한 거지.

어때? 성수야. 이래도 화학을 연구하고 싶니?」

성분	가스(B유분)	액(C유분)
에틸렌	-	-
에탄	17.591	15.855
프로필렌	-	-
프로판	4.50	18.270
이소부탄	-	0.165
1-부텐(이소부텐을 포함)	-	-
n-부탄	0.451	10.122
트랜스-2-부텐	-	0.12
시스-2-부텐	-	-
3-메틸-1-부텐	-	-
이소펜탄	-	15.31
1-펜텐	-	-
2-메틸-1-부텐	-	0.03
n-펜탄	-	13.214
2-메틸-2-부텐	-	0.51
트랜스-2-펜텐	-	-
시스-2-펜텐	-	-
C_6 합계	-	-
톨루엔	-	4282.019

표 IX-1 | 올레핀을 제외한 제1반응 생성물의 가수분해 생성물 분석 예

「음…. 그런 말을 하면 곤란해요. 아직 뭐가 뭔지 잘 모르는걸요.」

「그렇겠지. 너희는 오랫동안의 각고의 노력을 이해할 수 없으니까, 동시

에 하나의 결과를 얻었을 때의 기쁨이나 감격도 이해할 수 없을 거야.」

「그래서 그 100분의 1이라도 느껴 보려고 이렇게 찾아온 거예요. 그렇지, 성수야.」

「응응, 그렇고말고.」

「그래, 그렇겠지. 그럼 어쨌든 제1반응이 끝난 후 각 유분의 분석례를 한번 보기로 할까(표 Ⅸ-1).

「꽤 여러 가지 물질이 있군요.」

「이것으로부터 주된 목적물질을 분리하는 거예요?」

「아니야, 분리하는 건 도저히 곤란해. 그러니까 섞인 그대로 제2반응으로 들어가는 거야. 그럼 그 이야기를 해보자.」

7. 펜텐을 만드는 반응 - 제2반응과 새로운 촉매의 발견

「드디어 제2반응 이야기군요.」

「그래, 제2반응이란 건 어떤 반응이었지?」

「제1반응에서 생긴 트리펜틸알루미늄에 에틸렌을 작용해서 펜텐을 내쫓는 반응이었어요.」

「그렇지. 그러나 분석의 설명에서 말했듯이, 제1반응이 끝난 반응용기 속에는 트리펜틸알루미늄만 있는 건 아니었지. 몇 종류의 화합물이 섞여 있어. 부반응으로 인해 생기는 건 제외하고, 주된 목적물질만 해도 이런 세 종류를 생각할 수 있지.

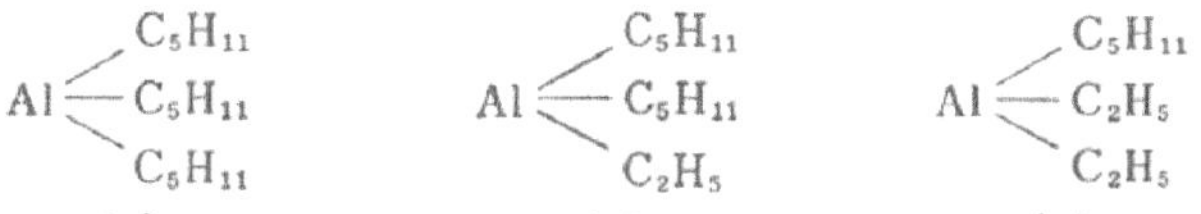

$$Al \begin{cases} C_5H_{11} \\ C_5H_{11} \\ C_5H_{11} \end{cases} \quad (a) \qquad Al \begin{cases} C_5H_{11} \\ C_5H_{11} \\ C_2H_5 \end{cases} \quad (b) \qquad Al \begin{cases} C_5H_{11} \\ C_2H_5 \\ C_2H_5 \end{cases} \quad (c)$$

」

「아, TEA의 에틸기가 모두 단번에 치환되는 건 아니네요?」

「그래, TEA와 프로필렌의 몰비가 1:3이고 조건이 좋으면 (a)가 많이 생겨. TEA에 의해서 프로필렌이 1:3보다 적으면 (b)나 (c)가 증가하는 결과가 나오지. 그런데 앞에서 말했듯이 이런 성분을 분리하는 일은 매우 곤란해서 도저히 공업적으로는 가능하지 않아. 그래서 연구에서도 제1반응에서 생긴 걸 혼합상태 그대로 그것에다 에틸렌을 가해서 반응시키고, 반응 후의 것을 분석해서 제2반응의 진행상태를 생각하기로 한 거야.

그러니까 제2반응도 제1반응과 같은 용기에서 실험한 거지.

그런데 제2반응은 제1반응의 생성물에 에틸렌을 주입하고, 온도를 올리는 것만으로는 반응이 일어나질 않아. 촉매가 있어야 한단다.

치글러는 콜로이드니켈을 촉매로 했다고 보고했어.

콜로이드상태라는 건 알고 있니? 너희가 하는 실험에서 거름종이로 분류할 수 있을 만한 침전의 크기는 대체로 10^{-5}㎝보다 큰 거야. 이보다 작은 입자는 거름종이를 통과해 버리거든. 그래서 보통의 화합물의 분자는 10^{-8}㎝ 정도의 크기야. 이 사이, 즉 10^{-7}㎝에서 10^{-5}㎝ 정도 크기의 입자를 콜로이드입자라고 해. 즉 콜로이드니켈이라는 건 니켈원자가 10여 개내지는 수십 개가 뭉쳐진 정도의 작은 입자상태의 니켈을 말하는 거야.

실제는 TEA의 액에 염화니켈의 가루를 가하면 액이 금방 검게 돼. 이걸 치글러는 콜로이드니켈이라고 불렀던 거야. 이걸 가하면 특효약처럼 신속하게 제2반응이 진행된단다. 그러니까 제2반응이라는 건 조건을 연구할 것도 없는 거지. 문제는 다른 데에 있는 거야.

실험실의 실험에서는 매번 새로운 TEA를 써서 하기 때문에 문제가 없지만, 공업적인 규모가 되면 제2반응이 끝난 후, 생성된 2-메틸-1-부텐을 증류해서 추출하고 TEA가 잔액으로 남는 거야. 이 속에 콜로이드니켈 촉매가 섞여 있지. 콜로이드상태이기 때문에 걸러낼 수가 없어. 그러니까 회수한 TEA를 반복해서 제1반응에 쓴다고 하면, 이 콜로이드니켈이 제1반응에 방해가 되지 않았을까 하는 문제를 생각할 수 있을 거야. 실제로는 제1반응에 지장은 없었지만, 그게 제2반응으로 다시 돌아오더라도 이미 콜로이드니켈로서 촉매의 능력을 완전히 잃고 있는 거란다. 그래서 다시 염화니켈을 가해서 새로운 콜로이드니켈을 만들어야 하는 거지. 그러므로 반복해서 사용함으로써 TEA 속의 니켈양이 계속 증가해 결국 TEA는 버리지 않을 수 없게 된단다.

그래서 우리는 콜로이드니켈 이외의 제2반응의 촉매를 찾는 연구를 했던 거야. 만약 콜로이드상태가 아닌 니켈촉매가 효과가 있다면, 방금 말한 문제는 해결되는 거지. 그래서 우리는 실험을 거듭하여 산화니켈이 촉매로 활용될 수 있다는 걸 발견했어.

산화니켈로도 괜찮다면 니켈로 된 쇠그물을 만들고, 그 표면을 적당한 방법으로 산화해서 쓰면 돼. 그리고 쇠그물이라면 TEA의 액과 쉽게 분리할 수 있거든.

이 산화니켈이 촉매로서 유효하다는 것의 발견은 우리 연구로써 알게 된 것이므로 이걸로 특허를 얻은 거야.」

「참 잘됐네요.」

「여러 가지 곡절도 있고 제법 오랜 기간이 걸리기는 했지만, 이걸로 실험실에서의 연구는 일단 끝난 셈이야. 우리는 이것과 병행해서 파일럿 플랜트(Pilot plant)라는 반공업적 규모의 연구로 들어갔지. 이 파일럿 플랜트의 연구에도 여러 가지 고생담이나 우스운 이야기가 있지만, 이건 지금 너희의 공부에는 직접적인 관계가 없으니까 그 이야기는 다음 기회로 미룰게.」

「그럼, 이야기는 이걸로 끝이에요?」

「아니야. 아직 목적하는 이소프렌에는 가지 않았으니까, 마지막 코스가 남았어.」

8. 마침내 이소프렌으로 – 접촉 탈수소반응이라는 반응

「드디어 이소프렌이 생성되는 단계인데, 실은 이 반응은 처음부터 그다지 걱정하지 않았던 거야. 그건 이미 공업적으로 부타디엔고무라는 합성고무가 다량으로 만들어지고 있었고, 그 원료가 되는 부타디엔을 만드

는 데 부텐의 탈수소반응이 공업적으로 실시되고 있었기 때문이지. 이런 반응

$$-C-C=C-C- \xrightarrow{-H_2} -C=C-C=C-$$

부텐 　　　　　　　　부타디엔

우리의 반응은,

$$-C=\overset{-C-}{C}-C-C- \xrightarrow{-H_2} -C=\overset{-C-}{C}-C=C-$$

2-메틸-1-부텐 　　　　　　　　이소프렌

이니까 메틸기의 가지가 있다는 것뿐인 차이야.

하지만 부텐의 탈수소와 2-메틸-1-부텐의 탈수소가 같은 촉매로서 마찬가지로 진행된다는 건 알려져 있지 않아. 미국에서 부텐의 탈수소반응촉매로서 세 종류가 발표되어 있었지. MgO나 Fe_2O_3을 주체로 한 거야. 그래서 우리는 그들과 같은 걸 만들어서 2-메틸-1-부텐의 탈수소에 활용될 수 있는가를 시험해 보기로 했어. 처음에는 실험적 장치로, 그러고는 파일럿 플랜트로 실험했는데, 그건 지금 자세히 말할 수가 없어.

결론적으로 말하면, 부텐의 탈수소에 쓰이는 촉매는 2-메틸-1-부텐의 탈수소에서도 효과적으로 작용한다는 걸 알았지.

원료인 2-메틸-1-부텐의 90%가 이소프렌으로 되었던 거야. 수율이 매우 좋다고 말할 수 있지.」

「그렇군요.」

「그럼, 박사님들이 오랫동안 연구한 공이량화 반응이라는 게 이소프렌 합성의 열쇠라는 거군요.」

「그래, 그렇다고 할 수 있지. 앞에서도 말했듯이 현대는 석유콤비네이트에서 얻는 부산물인 이소프렌으로도 합성고무의 원료는 충분하단다. 그러니까 우리를 비롯해 전 세계에서 이소프렌 합성의 연구는 거의 파일럿 플랜트의 단계에서 끝나고 말았지.

장래에 석유자원이 고갈되어 합성고무를 다른 탄소자원으로부터 만들어야 할 때가 오면 다시 우리의 연구가 활용될지도 모르지.」

「그렇겠군요. 그런데 이소프렌으로부터 합성고무는 어떻게 만드는 거죠?」

「이소프렌으로부터의 합성고무는 1950년대에 여러 회사에서 연달아

만들어졌단다. 리튬촉매를 사용한 것과 치글러촉매를 사용한 게 있지. 그러나 치글러촉매를 쓴 게 현재 공업화되어 있단다.

치글러촉매의 작용에 관해서는 아직도 충분히 알지 못해. 어쨌든 이소프렌을 시스형으로 길게 연결하는 특성이 있어. 성수가 제일선의 화학자가 될 때는 그 비밀도 밝혀져 있을지도 모르지.

X. 마지막 장

「이야! 저는 오늘 삼촌에게 여러 이야기를 듣고 나니 과연 화학의 공부란 이런 거구나 하는 커다란 전망 같은 게 잡힌 반면, 아무래도 나 같은 건 하는 열등감도 생겨서 솔직하게 말해서 착잡한 심경이에요.」

「그렇게 비관적일 필요는 없어. 내가 중학생일 때 한문 선생님께서 이런 말씀을 하셨어. 마흔 살이 넘은 어른은 겁내지 않아도 돼. 그 사람의 장래는 이미 대체로 정해져 있어. 하지만 풋내기는 두려워해야 한다. 그건 장래에 어떤 인물이 될지 아무도 모를 가능성을 지니고 있기 때문이라고 말이야. 나는 기뻤어. 이 말을 듣고 왠지 희망이 솟았거든.

20세기 최대의 과학자로 일컫는 아인슈타인도, 발명왕 에디슨도, 퀴리 부인의 남편인 피에르도 모두 10대에는 별로 눈에 띄지 않는 소년이었어. 너희가 갖는 앞으로의 20년, 30년의 시간은 무엇을 낳게 할지도 모를 가능성을 간직하고 있는 거야.」

「삼촌은 우릴 너무 치켜세우시는데요. 하지만 그렇게 말씀하시니 뭔가 힘이 솟아요.」

「삼촌이라는 촉매에 의해서 성수의 마음속에 어떤 반응방향이 결정된 것 같아요. 그리고 제게도 큰 공부가 되었어요. 삼촌 정말 고맙습니다.」

「뭘…. 줄거리가 서지 않는 이야기를 했지. 그러나 조금이라도 너희에게 참고가 되었다면 나도 기쁘다.」

「고맙습니다.」

성수와 수진이는 어느덧 저녁노을이 지는 하늘로 치솟아 있는 연구소의 시계탑을 되돌아보면서 연구소를 나왔다.

역자의 말

자연계에 존재하는 화합물은 그 종류가 헤아릴 수 없을 만큼 많다. 이 중에서도 무기화합물에 비해 유기화합물의 종류와 수가 엄청나게 많아서 우리 생활의 주변에서 유기화합물이 우리와 특히 밀접하게 연관되어 있다고 할 수 있다.

화학은 주로 물질의 구조와 그 변화를 다루는 학문인데, 고등학교 과정에서는 문과·이과 공통이고 대학의 교양 과정에서는 자연계열의 학생들에게 필수적인 과목이다. 이 과정에서 일반화학으로 취급되어 화학의 기본원리를 이해시키면서 모든 분야를 포괄적으로 다루게 되는데, 유기화학 분야는 매우 적게 다루고 있다.

고등학교 과정에서는 교과서 저자에 따라 다루는 내용과 깊이가 다양하며 특히 대학에서는 일반 화학교과서의 뒷부분에 있고 그나마 분량도 적을 뿐만 아니라 거의 다루지 않는 경우가 많다.

생활과 매우 긴밀하게 연관되어 있는 유기화학 부분이 소홀히 다루어지는 것은 나름대로 이유가 있겠으나, 어쨌든 유기화학을 기초과정에서 소홀히 다루어도 된다는 생각을 정당화할 수는 없다고 하겠다.

이 책은 유기화학을 고무에 대한 질문에서부터 시작하여 질문을 유도하고 해답을 찾게 하면서 흥미롭게 설명하고 있다.

과학자인 삼촌과 소녀, 소년 셋을 등장시켜 학생들의 호기심 어린 질문과 자상한 삼촌의 설명을 골격으로 엮어가고 있다. 유기화학 공부가 대화체의 이야기로 전개되고 있어서 유기화학이 무엇인가, 유기화학을 어떻게 연구하는가 하는 것을 쉽게 이해하는 데 도움이 될 것이다.

여름부터 이 책을 번역하는 데 큰 도움을 준 생화학 교실의 대학원생 이해동 군의 노고에도 고마움을 표하며 이 군의 가정에 건강과 행복이 충만하기를 기원한다.

일감호변 연구실에서 역자 씀